实用猪病诊断与防治

王振华　杨金龙　编著

中国农业科学技术出版社

图书在版编目（CIP）数据

实用猪病诊断与防治 / 王振华，杨金龙编著 . —北京：中国
农业科学技术出版社，2016.10
ISBN 978-7-5116-2711-7

Ⅰ . ①实…　Ⅱ . ①王…②杨…　Ⅲ . ①猪病－诊疗
Ⅳ . ① S858.28

中国版本图书馆 CIP 数据核字（2016）第 203376 号

责任编辑　张国锋
责任校对　杨丁庆

出　版　者　中国农业科学技术出版社
　　　　　　北京市中关村南大街 12 号　邮编：100081
电　　　话　（010）82106636（编辑室）（010）82109702（发行部）
　　　　　　（010）82109709（读者服务部）
传　　　真　（010）82106631
网　　　址　http://www.castp.cn
经　销　者　各地新华书店
印　刷　者　北京富泰印刷有限责任公司
开　　　本　710mm×1 000mm　1 /16
印　　　张　12　彩插　32 面
字　　　数　260 千字
版　　　次　2016 年 10 月第 1 版　2016 年 10 月第 1 次印刷
定　　　价　39.80 元

前　言

PREFACE

　　《实用猪病诊断与防治》共分为6个部分，第一部分分别叙述猪瘟、猪繁殖与呼吸综合征、猪流行性腹泻等10种病毒性疾病；第二部分分别叙述猪丹毒、猪大肠杆菌病、猪葡萄球菌病等15种细菌性疾病；第三部分分别叙述猪疥螨病、球虫病、蛔虫病等猪寄生虫性疾病；第四部分介绍了谷物和饲料中的霉菌毒素等非传染性疾病；第五部分包括猪尸体剖检、静脉采血、疾病诊断检测等14种兽医实践方面的内容；第六部分展示了作者摄制和收集的猪病彩图60多幅。

　　本书内容丰富，较全面地介绍了有关猪病诊疗的理论知识，汲取了各临床学科有关猪病资料的精粹，广泛搜集猪病的病原学、流行病学、临床学、病理学、免疫学、预防医学等方面的最新技术资料。书中内容既有国内科技工作者的研究成果和防治经验，又吸收了国外的最新成就，理论和实践并重，内容丰富，资料详细，信息量大，实用性强、能满足教学、科研及生产各领域的需要，可作为兽医教学和科研人员的参考书，也可作为养猪从业人员的重要工具书。

　　由于编著者水平有限，错误与疏漏之处，恳请各位读者批评指正。

编者

2016 年 8 月

目　录
CONTENTS

疾病临床诊断图谱 ………………………………………………………… 1

　　任务 1　猪瘟 ………………………………………………………… 1

　　任务 2　猪繁殖与呼吸综合征 ……………………………………… 5

　　任务 3　猪伪狂犬病 ………………………………………………… 7

　　任务 4　猪圆环病毒 ………………………………………………… 9

　　任务 5　口 蹄 疫 …………………………………………………… 11

　　任务 6　猪肺炎支原体 ……………………………………………… 13

　　任务 7　放线杆菌病 ………………………………………………… 14

　　任务 8　副猪嗜血杆菌 ……………………………………………… 16

　　任务 9　猪萎缩性鼻炎 ……………………………………………… 19

　　任务 10　猪大肠杆菌病 ……………………………………………… 20

　　任务 11　猪丹毒 ……………………………………………………… 24

项目一　病毒病 ………………………………………………………… 27

　　任务 1　猪 瘟 ……………………………………………………… 27

　　任务 2　伪狂犬 ……………………………………………………… 31

　　任务 3　猪繁殖与呼吸综合征 ……………………………………… 34

　　任务 4　猪细小病毒病 ……………………………………………… 37

　　任务 5　猪流行性乙型脑炎 ………………………………………… 39

　　任务 6　猪圆环病毒感染 …………………………………………… 41

任务 7　猪传染性胃肠炎 ……………………………… 45

任务 8　猪流行性腹泻 …………………………… 47

任务 9　猪流行性感冒 …………………………… 49

任务 10　猪口蹄疫 ……………………………… 52

项目二　细菌病 …………………………… 56

任务 1　副猪嗜血杆菌病 …………………………… 56

任务 2　胸膜肺炎放线杆菌病 ……………………… 58

任务 3　猪支原体肺炎（气喘病）………………… 60

任务 4　猪传染性萎缩性鼻炎 ……………………… 63

任务 5　巴氏杆菌病 ……………………………… 64

任务 6　猪大肠杆菌病 …………………………… 67

任务 7　猪沙门氏菌病 …………………………… 71

任务 8　猪增生性肠炎 …………………………… 74

任务 9　猪痢疾（猪血痢）………………………… 75

任务 10　猪梭菌性肠炎（仔猪红痢）……………… 78

任务 11　猪葡萄球菌 …………………………… 80

任务 12　猪链球菌 ……………………………… 83

任务 13　猪丹毒 ………………………………… 86

任务 14　猪附红细胞体病 ………………………… 88

项目三　猪寄生虫性疾病 ……………………… 91

任务 1　猪疥螨 ………………………………… 91

任务 2　球虫——猪等孢球虫和艾美尔球虫 ……… 92

任务 3　弓形虫 ………………………………… 94

任务 4　蠕虫病 ………………………………… 96

项目四　非传染性疾病 ………………………… 100

任务　霉菌毒素 ………………………………… 100

项目五　兽医实践 ……………………………………………… 104

任务 1　静脉采血技术 ………………………………… 104

任务 2　猪尸体剖检 …………………………………… 107

任务 3　疾病诊断检测 ………………………………… 114

任务 4　细菌分离培养 ………………………………… 115

任务 5　病毒分离培养 ………………………………… 120

任务 6　血清学实验 …………………………………… 123

任务 7　病毒血凝及血凝抑制试验 …………………… 127

任务 8　药物敏感试验 ………………………………… 130

任务 9　PCR 抗原检测技术 …………………………… 132

任务 10　金标快速检测卡诊断技术 …………………… 134

任务 11　细菌涂片标本的制作及染色 ………………… 140

任务 12　疾病诊断原则 ………………………………… 144

任务 13　疾病一般防治原则 …………………………… 147

任务 14　药物防治 ……………………………………… 149

任务 15　猪免疫接种技术 ……………………………… 159

任务 16　猪病传播与生物安全 ………………………… 164

任务 17　猪群保健与驱虫 ……………………………… 173

任务 18　消　毒 ………………………………………… 177

任务 19　灭除蚊虫鼠害 ………………………………… 181

任务 20　驱　鸟 ………………………………………… 185

任务 21　病死猪无害化处理 …………………………… 186

参考文献 ……………………………………………………… 190

疾病临床诊断图谱

任务 1　猪瘟

（a）

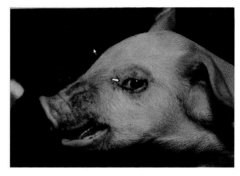
（b）

图 1　猪瘟临床症状

病　原　体：猪瘟病毒
临床症状：皮肤出血，结膜炎，眼睛周围具有分泌物

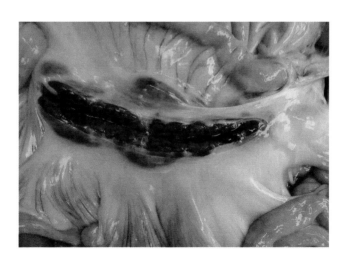

图 2　猪瘟肠系膜淋巴结大体病理变化

病　原　体：猪瘟病毒
解剖症状：肠系膜淋巴结出血，肿胀

（a）肾组织被膜下（皮质表面）呈点状出血

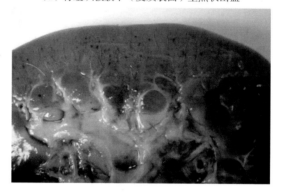

（b）肾脏髓质有针尖大小出血点，肾盂肿胀

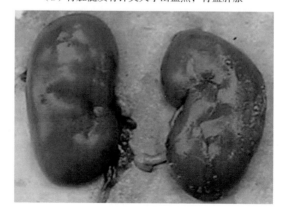

（c）肾脏表面有沟回

图3 猪瘟肾脏大体病理变化

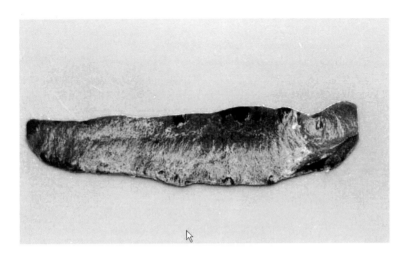

图 4　猪瘟脾脏大体病理变化

病　原　体：猪瘟病毒
解剖症状：脾脏边缘出血性梗死

图 5　猪瘟膀胱黏膜大体病理变化

病　原　体：猪瘟病毒
解剖症状：膀胱黏膜出血

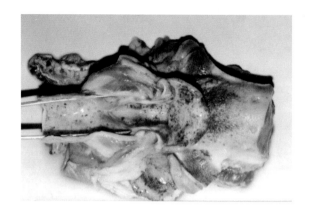

图6 猪瘟喉头和会咽软骨大体病理变化

病 原 体：猪瘟病毒
大体病理变化：喉头和会咽软骨出血

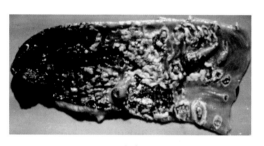

（a）

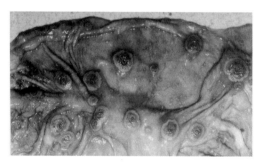

（b）

图7 猪瘟肠道大体病理变化

病 原 体：猪瘟病毒
大体病理变化：肠道出现纽扣状溃疡

任务 2 猪繁殖与呼吸综合征

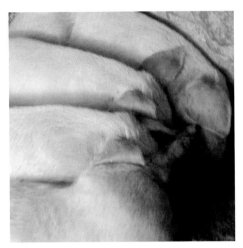

（a）耳朵发绀

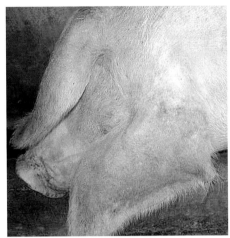

（b）耳朵发绀

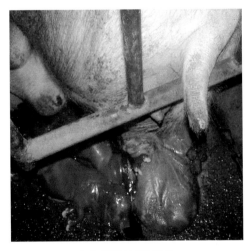

（c）母猪表现为流产

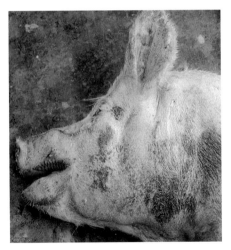

（d）濒死前母猪高度呼吸困难

图 8 猪繁殖与呼吸综合征临床症状

（a）

（b）

图9　猪繁殖与呼吸综合征肺脏大体病理变化

　　病　　原　　体：猪繁殖与呼吸综合征病毒
　　大体病理变化：漫性间质性肺炎及大叶性肺炎，肺脏实质有弹性、质地稍坚硬、橡胶状且非常湿润

任务 3　猪伪狂犬病

（a）

（b）

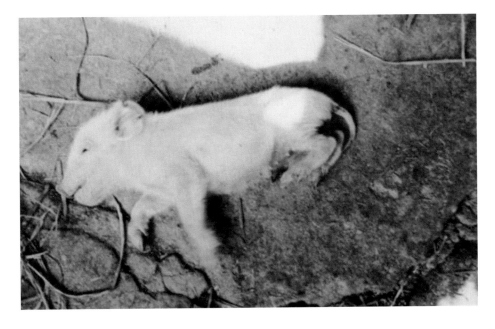

（c）

图 10　猪伪狂犬病临床症状

病　原　体：猪伪狂犬病病毒
临床症状：仔猪出现神经症状，仔猪死亡前呈游泳状

7

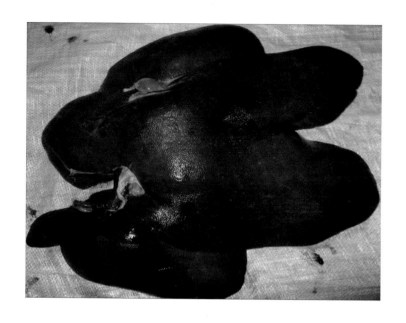

图 11　猪伪狂犬病肝脏大体病理变化

　病　　原　　体：猪伪狂犬病病毒
　大体病理变化：肝脏有散在白色坏死点

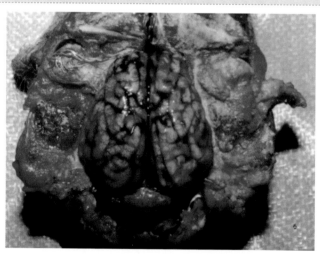

图 12　猪伪狂犬病脑大体病理变化

　病　　原　　体：猪伪狂犬病病毒
　大体病理变化：脑膜明显充血，出血和水肿，脑脊髓液增多

任务 4　猪圆环病毒

图 13　猪圆环病毒病临床症状

　病　原　体：猪圆环病毒
　临床症状：与左侧对照同等年龄健康猪相比，图右侧 PMWS 感染猪表现为严重的发育缓慢及进行性消瘦

图 14　猪圆环病毒病临床症状

　病　原　体：猪圆环病毒
　临床症状：PMWS 感染猪表现为被毛粗乱、皮肤苍白、进行性消瘦

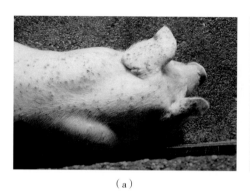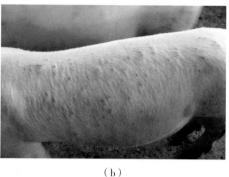

（a）　　　　　　　　　　　（b）

图 15　猪圆环病毒病临床症状

病　原　体：猪圆环病毒

临床症状：PNDS 感染猪表现为皮肤出现不规则的紫红色斑块和丘疹

图 16　猪圆环病毒病肾脏大体病理变化

病　　原　　体：猪圆环病毒

大体病理变化：PDNS 病变主要表现双侧肾肿大，皮质表面呈颗粒状，点状坏死

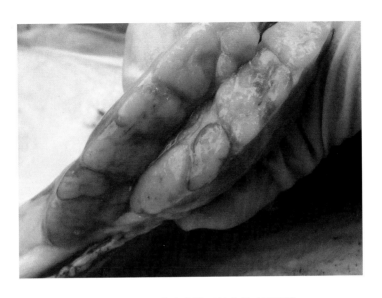

图 17　猪圆环病毒病淋巴结大体病理变化

病　　原　　体：猪圆环病毒
大体病理变化：PMWS 病变主要表现全身淋巴结肿大、苍白

任务 5　口蹄疫

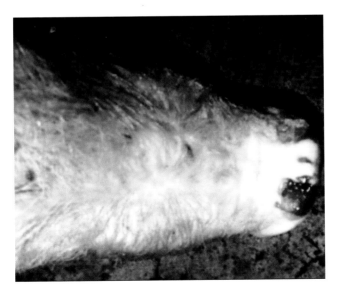

（a）　患猪鼻拱部水疱溃疡和结痂

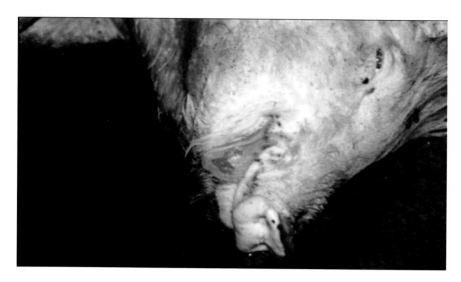

（b） 患猪舌面水疱破裂形成溃疡和结痂

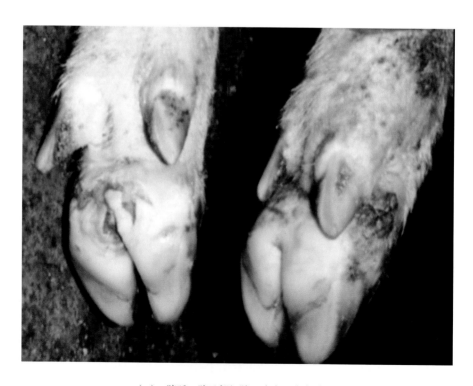

（c） 蹄踵、蹄叉部红肿、溃疡，蹄壳脱落

图 18　猪口蹄疫临床症状

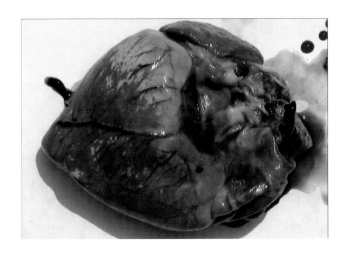

图 19　猪口蹄疫心脏大体病理变化

病　原　体：口蹄疫病毒
大体病理变化：心肌切面有灰白色或淡黄色斑点或条纹，好似老虎身上的斑纹，俗称"虎斑心"，心肌松软像煮熟的肉

任务 6　猪肺炎支原体

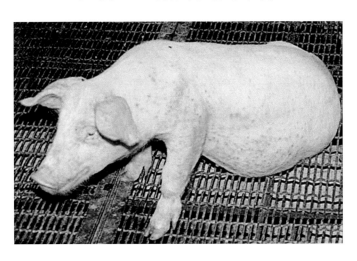

图 20　猪支原体肺炎临床症状

病　原　体：猪肺炎支原体
临床症状：猪表现为干咳、气喘

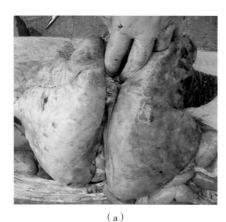 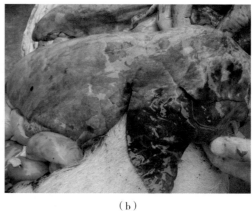

（a）　　　　　　　　　　　　　　　　（b）

图 21　猪支原体肺炎肺脏大体病理变化

　　病　　原　　体：猪肺炎支原体

　　大体病理变化：在心叶、尖叶、中间叶及膈叶出现融合性支气管肺炎，以心叶最为显著，尖叶和中间叶次之。病变部的颜色多为淡红色，半透明状，病变部界限明显，像鲜嫩的肌肉样，俗称肉变

任务 7　放线杆菌病

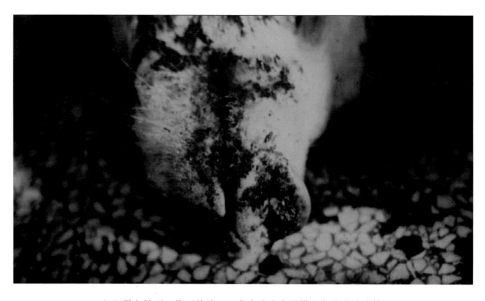

（a）最急性型，临死前从口、鼻中流出大量带血色的泡沫液体

（b）出现严重的呼吸困难，张口呼吸，呈犬坐姿势

图 22　猪传染性胸膜肺炎临床症状

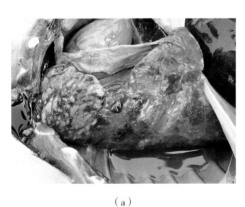

　　　　　　（a）　　　　　　　　　　　　　　　　（b）

图 23　猪传染性胸膜肺炎肺脏大体病理变化

　　病　原　体：胸膜肺炎放线杆菌
　　大体病理变化：肺脏肺炎的区域变成暗红紫色且变硬，切面较脆，且有弥漫性出血和坏死，发生纤维变性，牢固地黏附于内脏和胸膜壁上

图 24　猪传染性胸膜肺炎大体病理变化

病　原　体：胸膜肺炎放线杆菌

大体病理变化：最急性型，气管和支气管充满泡沫，同时见有浅色混有血黏液性分泌物

任务 8　副猪嗜血杆菌

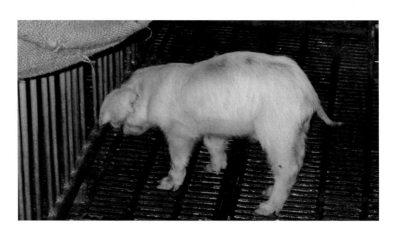

图 25　副猪嗜血杆菌病临床症状

病　原　体：副猪嗜血杆菌

临床症状：病猪呈腹式呼吸

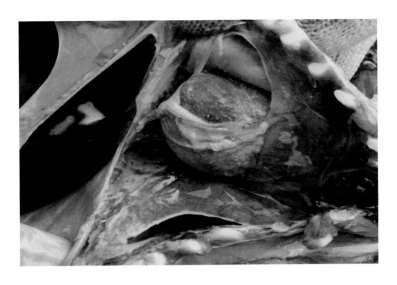

图 26　副猪嗜血杆菌病心包大体病理变化

病　原　体：副猪嗜血杆菌
临床症状：心包有纤维素渗出物，出现严重的纤维素性心包炎

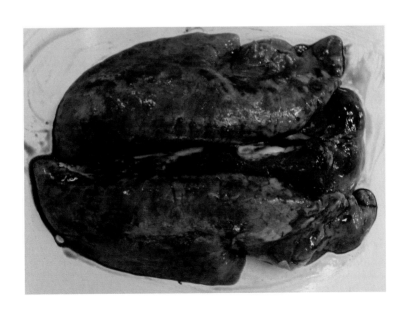

图 27　副猪嗜血杆菌病肺脏大体病理变化

病　　　原　　　体：副猪嗜血杆菌
大体病理变化：化脓性支气管肺炎伴坏死

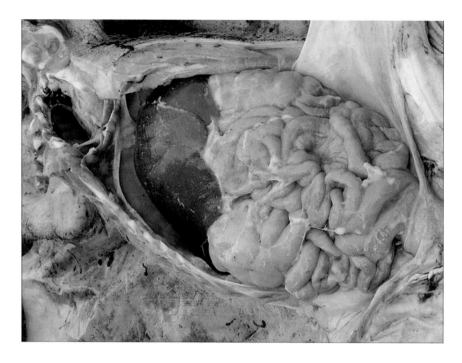

图 28　副猪嗜血杆菌病腹腔大体病理变化

病　原　体：副猪嗜血杆菌

大体病理变化：腹腔有纤维素渗出物，出现严重的纤维素性腹膜炎

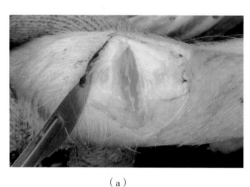

（a）

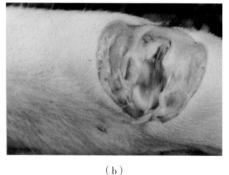

（b）

图 29　副猪嗜血杆菌病临床症状

病　原　体：副猪嗜血杆菌

大体病理变化：关节肿胀，关节腔内有纤维素渗出物，出现严重的纤维素性关节炎

任务 9　猪萎缩性鼻炎

（a）　　　　　　　　　　　　　　（b）

图 30　猪传染性萎缩性鼻炎临床症状

病　原　体：支气管败血波氏杆菌（Bb）和多杀性巴氏杆菌毒素源性菌株（Pm）

临床症状：流鼻血、短颌、鼻子歪斜、鼻面部变形或形成泪斑

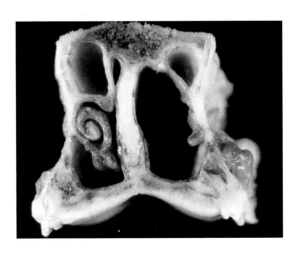

图 31　猪传染性萎缩性鼻炎鼻甲骨大体病理变化

病　原　体：支气管败血波氏杆菌和多杀性巴氏杆菌毒素源性菌株

临床症状：鼻腔的软骨和鼻甲骨的软化和萎缩，特别是下鼻甲骨的下卷曲最为常见

任务 10　猪大肠杆菌病

（a）

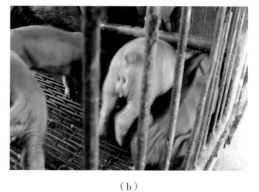

（b）

（c）

（d）

图32　新生仔猪大肠杆菌性腹泻及断奶后大肠杆菌性腹泻临床症状

病　原　体：大肠杆菌

临床症状：腹泻物呈水样，病猪严重脱水

图33 新生仔猪大肠杆菌性腹泻及断奶后大肠杆菌性腹泻肠道大体病理变化

病　原　体：大肠杆菌

大体病理变化：小肠扩张充血、轻度水肿，内容物水样或黏液样有异味。肠系膜高度充血，大肠内容物黄绿色，黏液样或水样

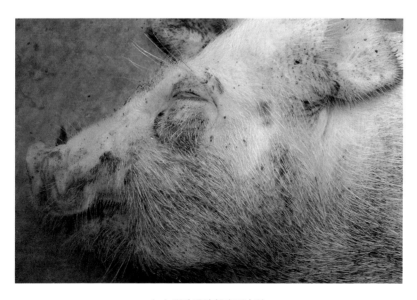

（a）眼脸及脸部皮下水肿

（b）眼脸及面部皮下水肿

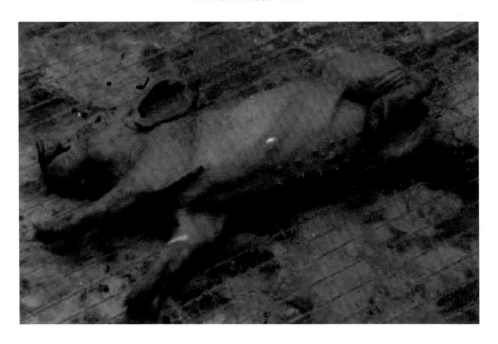

（c）出现共济失调，呈游泳状划动

图 34 仔猪水肿病临床症状

图35　仔猪水肿病肠道大体病理变化

病　原　体：大肠杆菌

大体病理变化：肠系膜水肿，小肠下段和大肠上段黏膜下层出现广发的出血

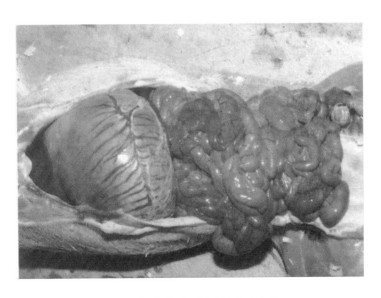

图36　仔猪水肿病胃大体病理变化

病　原　体：大肠杆菌

大体病理变化：胃喷门黏膜下层及基底部的胶状水肿

任务 11　猪丹毒

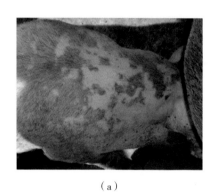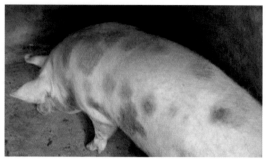

（a）　　　　　　　　　　　　　　　（b）

图 37　猪丹毒临床症状

病　原　体：红斑丹毒丝菌（俗称丹毒杆菌）

临床症状：皮肤，尤其胸侧、背部、颈部至全身出现界限明显，圆形、四边形，有热感的疹块，俗称"打火印"，指压退色。疹块突出皮肤 2~3mm，大小 1 至数厘米，从几个到几十个不等，干枯后形成棕色痂皮

图 38　猪丹毒临床症状

病　原　体：红斑丹毒丝菌（俗称丹毒杆菌）

临床症状：关节炎，关节肿大、变形、疼痛、跛行、僵硬

图 39　猪丹毒肾脏大体病理变化

病　　原　　体：红斑丹毒丝菌（俗称丹毒杆菌）
大体病理变化：肾脏表面、切面出血，肿大

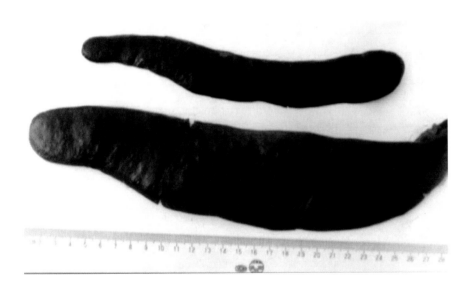

图 40　猪丹毒脾脏大体病理变化

病　　原　　体：红斑丹毒丝菌（俗称丹毒杆菌）
大体病理变化：与下侧正常脾脏相比，上侧红斑丹毒丝菌感染猪脾肿大、呈樱桃红色或紫红色，质松软，边缘钝圆，切面外翻

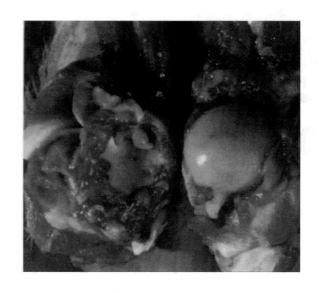

图41 猪丹毒关节大体病理变化

病　　原　　体：红斑丹毒丝菌（俗称丹毒杆菌）
大体病理变化：关节增生

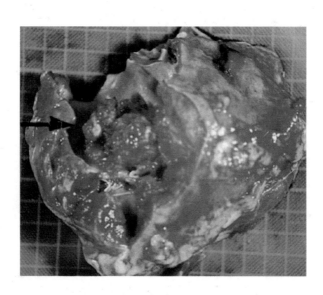

图42 猪丹毒心脏大体病理变化

病　　原　　体：红斑丹毒丝菌（俗称丹毒杆菌）
大体病理变化：慢性心内膜炎型，主要表现为溃疡性或椰菜样疣状赘生性心内膜炎

项目一

病毒病

任务1 猪 瘟

猪瘟（Swine fever；Hog Cholera）曾经被称作猪霍乱（Hog Cholera），是一种世界性高度接触性的传染病，被世界卫生组织（OIE）列入法定的 A 类传染病，19 世纪早期就有猪瘟临床暴发的报道。家猪和野猪是猪瘟病毒唯一的自然宿主，猪瘟病毒流行于欧洲东部地区、亚洲东南部、美国中部及美国南部。尽管欧洲东部地区国家已从家猪中将猪瘟病毒根除，但猪瘟病毒仍然在某些野猪中流行，所以，靠近感染猪瘟病毒野猪群的猪场有被重新感染的风险。

一、病原

猪瘟病毒（*Hog Cholera virus*，HCV），属于黄病毒科（*Flaviviridae*），瘟病毒属（*Pestivims*）的一个成员。病毒粒子直径 40~50 nm，基因组为单股 RNA，约 12 kb 长。HCV 是相对稳定的 RNA 病毒，病毒囊膜有 55 kD 和 46 kD 两种糖蛋白，核衣壳则为 36 kD 蛋白质构成。HCV 与同属的牛病毒性腹泻病毒（*Bovine Viral Diarrhea Virus*，BVDV）之间基因组序列有高度同源性，抗原关系密切，既有血清学交叉反应，又有交叉保护作用。

HCV 目前发现只有一个血清型，有 3 个基因群，每个基因群有 3~4 个亚群，基因群与地理区域有关，基因 1 群分离株来自于南美及俄罗斯；基因 2 群分离于欧洲及一些亚洲国家；基因 3 群主要包括来源于亚洲的分离株。

HCV 对环境的抵抗力不强，乙醚、氯仿和去氧胆酸盐等脂溶剂可很快使病毒失活。2% 氢氧化钠仍是最合适的消毒药。

27

二、流行病学

在澳大利亚、新西兰、北美及西欧国家的家猪群中没有猪瘟，南美智利及乌拉圭已宣布根除猪瘟，阿根廷从 1999 年就没有暴发过猪瘟，并在 2004 年停止使用猪瘟疫苗。美国中部及南部继续通过使用疫苗来控制本病的暴发。猪瘟在亚洲仍然流行。

猪是该病唯一的自然宿主，病猪和带毒猪是最主要的传染源，在自然环境中，HCV 主要通过口鼻传播，也可通过精液传播，HCV 在妊娠任何时候都可以通过胎盘感染，啮齿类动物和宠物被认为是机械传播的媒介。本病一年四季均可发生，过去以流行性为主，发病率和死亡率都较高，近年来猪瘟流行发生了变化，出现非典型猪瘟、温和型猪瘟，以散发性流行。发病特点临床症状轻或不明显，死亡率低，病理变化无明显特征，必须依赖实验室诊断才能确诊，主要原因可能是由毒力较弱的猪瘟病毒或免疫应答差的猪引起的。

三、临床症状

根据临床症状和特征，猪瘟可分为急性、亚急性型、慢性型及产前形成的猪瘟等 4 种类型，其表现形式与病毒的毒力密切相关，但是由于不同日龄、品种、健康状况及免疫状态的猪对同一毒株的敏感性不同，所以 HCV 毒力很难界定。

急性型：表现为突然发病，体温升高至 41~42℃，皮肤和结膜发绀、出血、精神沉郁、厌食、嗜睡、结膜炎、呼吸困难、先便秘后腹泻等。经 1 至数天发生死亡。

亚急性型：病猪同样可出现上述症状，不同之处是发病至死亡时间延长，其间可出现粪便干稀交替，眼睛周围见黏性—脓性分泌物，皮肤和黏膜以出血为主，多于发病后 14~20 d 后死亡。

慢性型：主要表现为消瘦、贫血、全身衰弱、常伏卧，行走时缓慢无力，时有轻热，食欲不振，便秘和腹泻交替。有的皮肤可见紫斑和坏死痂，病程可达 1 个月以上，有的能够自然康复。

迟发型猪瘟：HCV 在妊娠任何时候都可以通过胎盘感染，是否导致流产和死胎取决于感染毒株和妊娠时间。在妊娠 50~70 d 感染时出生的仔猪会有持续病毒血症，这些仔猪最初没有临床症状，但是这些猪会被淘汰或者发生先天性震颤，这种感染被称为迟发型猪瘟。这种猪能持续向外排毒数月，是 HCV 重要的存储宿主。

四、大体病理变化

急性感染时，其病理变化主要是广泛性出血，全身淋巴结肿胀、水肿和出血，呈现红白或红黑相间的大理石样变化；肾组织被膜下（皮质表面）呈点状出血；膀胱黏膜、喉、会厌软骨、肠系膜、肠浆膜及回肠与盲肠连接处出血、皮肤呈点或斑状出血；脾脏的梗死是猪瘟最有诊断意义的病变，它由毛细血管栓塞所致，稍高于周围的表面，以边缘多见，呈紫黑色。在慢性感染时，盲肠和大肠有纽扣状溃疡以及全身淋巴组织炎症缺失。先天性猪瘟会出现流产、木乃伊胎、死胎、先天性畸形（小脑发育不全、脑过小及肺发育不良）。

研究报道，在猪瘟的所有病变中，发现所有毒株引起的病变属淋巴结最为严重、其次是回肠的坏死灶及脑血管充血，因此，这些组织在猪瘟的诊断时具有重要意义。

五、猪瘟的流行新特点

① 猪瘟疫情在规模化猪场中不同程度存在。

② 规模化猪场中猪瘟免疫合格率低下。

③ 规模化猪场猪群中普遍存在 HCV 野毒感染。

④ 母猪的猪瘟带毒（持续感染）综合征是猪场现阶段猪瘟的主要表现形式。

⑤ 胎盘感染仔猪出现先天免疫耐受和非典型猪瘟。

⑥ 带毒公猪也可形成垂直传播。

⑦ 母猪 HCV 带毒综合征：母猪感染中低毒力 HCV 后，自身不表现临床症状，但终生带毒排毒，血液中病毒含量可达 105~106 PFU/mL，成为猪瘟的储存宿主。

⑧ 带毒母猪经胎盘感染胎猪，引起木乃伊、死胎、弱仔、畸形胎或不孕，其卵巢卵泡结节化，降低或失去排卵功能。

⑨ 经胎盘感染出生后存活的仔猪，其自身不表现临床症状，又成为持续感染者，长期带毒和排毒。这种带毒仔猪吸吮初乳后，病毒血症可一过性降低，免疫后不能产生免疫应答。

六、诊断

临床诊断：近期猪瘟在欧洲的流行表明，猪瘟的快速诊断和及时消灭 HCV 感染动物是控制该病的关键，猪瘟流行的时间越长其传播的几率就越大，应当认识到 75%HCV 流行病学诊断是靠牧场主或者兽医工作者根据临床观察确定。

实验室确诊：采取脾脏、淋巴结、扁桃体、肾脏作猪瘟抗原检测，RT-PCR 是目前应用最广泛的病毒核酸检测方法。针对于不同猪瘟病毒的单克隆抗体已成功应用于病毒分离、荧光抗体检测（FAT）或者是 ELISA 检测。

七、预防和控制

本病为国家一类动物传染病，控制和扑灭应按照《中华人民共和国动物防疫法》第三章——动物疫病的控制和扑灭的有关条款执行。发病后不予治疗，必须进行扑杀。

为适应国际贸易需求，无猪瘟地区采取不免疫政策，既通过销毁感染或可疑猪群及实施检疫政策来控制猪瘟。欧洲在根除猪瘟暴发后已重申不免疫政策，这种做法尤其适合养猪密度高的地区。

当猪瘟暴发时，采取紧急免疫策略，紧急免疫时，免疫动物不能阻止 HCV 的胎盘感染，疫苗不能控制"带毒母猪综合征"，最终导致猪瘟的迟发型感染。

疫苗免疫：目前有许多供使用的疫苗，如中国的 C 株、Thiverval 株，新的能够区分野毒感染和疫苗毒的标记疫苗。传统的活疫苗能产生高水平的保护力，并在免疫 2 周后可以产生中和抗体，维持 6~10 个月，仔猪母源抗体的保护能力持续 8~12 周，这主要取决于初乳中的中和抗体水平，但能干扰疫苗的反应。活疫苗的最大缺点是不能与野毒感染所产生的抗体相区别。

加强饲养管理，做好生物安全控制措施。

免疫程序

（1）母猪免疫　配种前使用猪瘟兔化弱毒疫苗、猪瘟淋脾苗或者猪瘟高效细胞苗，实行空怀期免疫，一般采取断奶前免疫。

（2）公猪　半年免疫一次。同时加强饲养管理，保证公猪健康

（3）商品猪免疫　不受猪瘟威胁的猪场首免 23~28 日龄，二免 55~60 日龄。发生猪瘟或者受威胁的猪场，可以进行乳前免疫，即仔猪出生后不给与初乳，立即注射猪瘟疫苗 1 头份，放在一边，待接种 1.5 h 后放回母猪身边喂奶，猪瘟的乳前免疫要严格按照操作规程执行，才能获得应有的效果；二免 18~20 日龄；三免 55~60 日龄。

任务 2 伪狂犬

伪狂犬 (Porcine pseudorabies) 广泛分布于世界范围内，特别是在猪群密集的地区易发病，成为感染家畜猪群最重要的传染病。20 世纪 60 年代以前，在东欧之外的地方没有这种疾病，但是到 20 世纪 80 年代末这种疾病已经扩展到全球。这主要是由于高致病性的伪狂犬病病毒毒株的出现和饲养方式的改变造成的，尤其是猪大量生产和连续的母猪分娩。

最近几十年来，由于不断出现各种控制措施和消除计划的推行，在世界上一些地区的家养猪群中伪狂犬已经消灭。但在中国近年伪狂犬野毒再次在田间广泛流行。

一、病原

伪狂犬病病毒 (Pseudorabies virus，PRV)，又名奥耶斯基氏病病毒 (Aujeszky's disease virus，ADV)，属于疱疹病毒科 (Herpesviridae)，疱疹病毒亚科。病毒粒子呈圆形，直径为 150~180 nm，核衣壳直径为 105~110 nm，有囊膜和纤突。基因组为线状双股 DNA。

PRV 目前只有一个血清型，但不同毒株在毒力和生物学特征等方面存在差异。伪狂犬病毒具有泛嗜性，能在多种组织培养细胞内增殖，其中以兔肾和猪肾细胞（包括原 I 代细胞和传代细胞系）最为敏感，并引起明显的细胞病变，细胞肿胀变圆，开始呈散在的灶状，随后逐渐扩展，直至全部细胞圆缩脱落，同时有大量多核巨细胞形成。细胞病变出现快，当病毒接种量大时，在 18~24 h 后即能看到典型的细胞病变。

病毒对外界抵抗力较强，在污染的猪舍能存活 1 个多月，在肉中可存活 5 周以上。一般常用的消毒药都有效。

二、流行病学

伪狂犬病自然发生于猪、牛、绵羊、犬和猫，另外，多种野生动物、肉食动物也易感。水貂、雪貂因饲喂含伪狂犬病毒的猪下脚料也可引起伪狂犬病的暴发。实验动物中家兔最为敏感，小鼠、大鼠、豚鼠等也能感染。

猪是 PRV 的贮存宿主，病猪、带毒猪以及带毒鼠类为本病重要传染源。病毒的传播主要靠猪与猪的直接接触，或是与 RRV 污染的感染物相接触，鼻腔黏膜和口腔是主要的入侵部位，结膜感染也可导致快速发病，在孕期，RRV可以通过胎盘进行垂直传播，主要发生在怀孕的最后 3 个月，还可以通过初乳传播给仔猪。尽管犬、猫和一些野生动物被认为是感染区的病毒携带者，但是由于它们的排泄物中的病毒量低且很快死亡，它们在病毒的传染过程中的作用是有限的。

感染猪所有的身体分泌物、排泄物和呼吸物中都含有高浓度的 RRV，鼻腔和咽部的病毒滴度最高。在流产和生产时，经胎盘传播可以导致大量的病毒排除。在阴茎和包皮分泌物中可以发现病毒，射出的精液中可以存活 12 d，在乳汁中可以存活 2~3 d。

三、临床症状

猪感染 RRV 后可出现高烧、继而出现厌食、精神萎靡、消化不良、口水增多、呕吐、战栗、最终出现显著的共济失调，尤其是后腿症状明显。呼吸道症状主要是咳嗽、打喷嚏、呼吸困难，并可能出现吸入性肺炎。对于成年猪，呼吸道症状的出现是高发率的主要病因。在通常情况下，幼年猪可出现高的发病率及死亡率，主要以脑膜炎和病毒血症的相关症状为主，7 d 以内的仔猪，无明显临床症状突然性死亡；2~3 周龄的仔猪，出现严重的中枢神经系统症状，表现为战栗、共济失调、惊厥、震颤、运动失调和无力，死亡率 100%，随着感染猪年龄的增长，死亡率降低。初产母猪和母猪的临床症状决定于妊娠的不同阶段，包括胚胎死亡、吸收胎、木乃伊胎、流产或死胎，还有呼吸道症状或高热。

在与其他病毒混合感染的病例中，如猪繁殖与呼吸综合征病毒、猪圆环病毒 2 型和猪流感病毒，在断奶和断奶后仔猪可形成严重的增生性坏死性肺炎。

四、大体病理变化

大量的小的急性出血性坏死点是疱疹病毒感染动物后在肝脏、脾脏、肺脏、肠道、肾上腺的病变特征。脑膜明显充血，出血和水肿，脑脊髓液增多。上呼吸道病变主要是上皮细胞坏死和坏死性气管炎，肺脏出现水肿和分散的坏死病灶、出血和支气管性间质性肺炎。在母猪，流产后可见到坏死性胎盘炎和子宫内膜炎，同时伴有子宫壁的增生和水肿。流产的胎儿可出现浸渍，或者偶尔出现木乃伊胎。对于胎儿和新生仔猪，肝脏、脾脏、肺脏和扁桃体上通常可见坏死点。

五、诊断

临床诊断：根据发病仔猪有神经症状，妊娠母猪可能流产，剖检脏器灰白色小点可以做出猪伪狂犬的临床诊断。

实验室诊断：猪的三叉神经、嗅觉神经节和扁桃体是分离和检测 PRV 的首选组织。

可通过免疫过氧化物酶和免疫荧光染色检测病毒抗原。

六、伪狂犬野毒流行

近两年的时间内，北京、河北、天津、东北三省、河南、山东、江西、上海、广东、湖南、湖北等地一些已经净化的伪狂犬野毒阴性场，短期内出现阳转的猪场出现伪狂犬病例，母猪出现流产、死胎、弱仔、返情等症状；仔猪出现典型伪狂犬病及新生仔猪死亡率攀升，保育猪、育肥猪呼吸道病发病率增多等。

一些专家认为当前流行的 PRV 毒株为一田间新出现的野毒毒株，其毒力比原来的 PRV 野毒株的毒力更强。华中农大预防兽医学的一些专家 2012 年已从河南、山东、河北等地分离到 9 株 PRV 毒株，经过比对发现田间分离毒株在多个基因上出现一些碱基的缺失，系统进化树分析结果表明 9 个毒株与 Bartha 株遗传距离较远，而与国内分离株 Ea 株较近；上海兽医研究所童光志研究员用 Bartha-K61 毒株免疫羊群后，用传统 PRV S 毒株攻击，结果 4/4 保护；用新分离田间毒株攻击，只有 2/4 保护；胡睿铭等用新分离的 6 株 PRV 与 Ea 株在 BHK-21 细胞上进行 TCID50 毒力试验，结果证实 PRV 6 株分离株与 Ea 株毒力相当。

另外一些报道为圆环病毒影响机体对伪狂犬疫苗的免疫应答。存在伪狂犬和圆环病毒的混合感染时，圆环病毒抑制了机体的免疫系统的功能，提高了伪狂犬的发病率和疾病的严重程度；2008 年 Kekarainen 认为圆环病毒的 ORF1 中的 CpG 基因影响机体对伪狂犬活疫苗的再次免疫应答能力。

七、预防和控制

疫苗接种是控制 RRV 感染的有效措施，经过免疫的母猪即使经过一年之久，也可以将特异性抗体传给后代，母源免疫可以阻止 RRV 感染新生仔猪。

生物安全措施

① 确保引进猪为野毒阴性，引入后隔离和检测。

② 环境消毒、灭鼠。

③ 猪舍周围禁养猫、狗。

任务 3　猪繁殖与呼吸综合征

20 世纪 80 年代，美国猪群暴发了几次疾病，特点为严重的繁殖障碍、呼吸道疾病、生长迟缓以及死亡率增加。1999 年，德国也暴发了具有类似临床症状的疾病。该病传播迅速，仅 1991 年 5 月德国记录在案的就暴发了 3 000 多次，并在此后的 4 年传遍整个欧洲。在亚洲，该病于 1988 年首先在日本暴发，中国台湾于 1991 年也暴发该病。1991 年确定为猪繁殖与呼吸综合征病毒。

目前猪繁殖与呼吸综合征病毒起源不明，该病毒在世界上大多数养猪地区流行，而且难以控制。最近的一项研究认为，除了在疫苗、诊断和生物安全方面的花费外，美国每年因猪繁殖与呼吸综合征导致的损伤高达 6.64 亿美元。因此，从猪群、地区乃至国家层面根除猪繁殖与呼吸综合征病毒被认为是最好的解决问题之道。

一、病原

猪繁殖与呼吸综合征病毒（Porcine reproductive and respiratory syndrome virus，PRRSV）归属于动脉炎病毒科（*Arteriviridae*），动脉炎病毒属（*Arterivims*）。病毒粒子呈卵圆形，直径 50~65 nm。有囊膜、20 面体对称，为单股 RNA 病毒。目前将 PRRSV 分为 2 种基因型（genotype）或地理群（group），即以欧洲原型病毒 Lelystad virus（LV）毒株为代表的主要流行于欧洲地区的欧洲型（A 群）和以美国原型病毒 ATCC VR–2332 毒株为代表的主要流行于美洲及亚太地区的美洲型（B 群）。迄今报道，我国目前流行的 PRRSV 均属美洲型，两种毒株尽管形态及理化性质相同，但在抗原特性上存在明显差异，同源性仅为 50%~60%。本病毒具有高度变异性，自 2006 年在中国发生的高热病是由一株 Nsp2 基因缺失的高毒力 2 型 PRRSV 引起。

病毒在 –70℃ 可保存 18 个月，4℃ 保存 1 个月，37℃ 48 h，56℃ 45 min 完全失去感染力。对乙醚和氯仿敏感。

该病毒只能在极少的几种细胞上复制、增殖，并能产生细胞病变效应（cytopathic effect–CPE），如在猪肺泡巨噬细胞、淋巴组织和树突状细胞中生

34

长，而无法在单核细胞中生长。在实验室，可使用仔猪的肺泡巨噬细胞和猴的肾脏细胞，尤其是非洲绿猴 MA104 细胞及其产品 MAPC145 上培养 PRRSV。

二、流行病学

猪是唯一的易感动物，各年龄、品种和用途的猪都可感染，报道自由生活的野猪很少感染。本病传播迅速，感染动物通过唾液、鼻腔分泌物、尿液、精液排出病毒，偶尔经粪便排毒。怀孕后期感染的母猪可通过乳汁排出病毒。猪主要经鼻腔、肌内内、口腔、子宫和阴道等途径传播，同时也可通过患病母猪的胎盘屏障传染胎儿进行垂直传播，导致死胎、带毒仔猪的出现，带毒仔猪可能是弱胎或表现正常的仔猪。猪感染 PRRSV 后表现为慢性、持续感染，这是 PRRSV 感染最重要的流行病学特征。猪场一旦感染，PRRSV 往往在一个猪场内无休止的循环传播，同时感染猪、含有病毒的精液和气溶胶有助于 PRRSV 在猪场间传播。

三、临床症状

在北美洲，同一猪群内部猪繁殖与呼吸综合征的临床症状基本相同，猪群之间的临床表现差别较大，有的根本无异常症状、有的则表现大多数猪的死亡。猪繁殖与呼吸综合征的临床症状受病毒毒株、宿主的免疫状况、宿主的易感程度、脂多糖的外露程度、并发感染及其他管理因素的影响。

猪繁殖与呼吸综合征流行的第一阶段持续 2 周或 2 周以上，所有年龄的猪均可发病，发病率为 5%~75%，主要特征为厌食、精神沉郁、发热、呼吸困难及四肢皮肤出现短暂的"斑点"样充血或发绀。第二阶段持续 1~4 个月，该阶段主要特征为繁殖障碍。

母猪：在疾病的急性期，母猪表现为流产、流产后的不规则发情或不孕。

公猪：急性病例除厌食、精神沉郁、发热、呼吸道症状外，还出现性欲缺失和精液质量不同程度的降低。

哺乳仔猪：早产弱仔的死亡率非常高，约60%，并且伴发精神沉郁、消瘦、外翻腿姿势、呼吸困难和球结膜水肿。个别会出现震颤或划桨运动。

断奶和生长猪：厌食、精神沉郁、皮肤充血、呼吸困难等。

猪感染猪繁殖与呼吸综合征后，对一些细菌和病毒性疾病的易感程度增加，而且可与某些细菌或者病毒产生附加或协作效应，从而导致更严重的疾病。这些细菌或病毒包括猪肺炎支原体、猪呼吸道冠状病毒、猪流感病毒、伪狂犬病毒、猪链球菌等。但 PRRSV 和典型猪瘟病毒之间没有协同作用。

四、大体病理变化

主要病变在肺脏和淋巴结，肺脏表现为严重的弥漫性间质性肺炎，肺脏实质有弹性、质地稍坚硬、橡胶状且非常湿润。大部分感染猪淋巴结通常会增大为原来的 2~10 倍，水肿，硬度中等，后期淋巴结变硬，颜色变为白色或者浅棕褐色。

猪繁殖与呼吸综合征和细菌、病毒混合感染时，病变应和并发感染的细菌/病毒的不同而有所变化，合并感染细菌性病原常引起复杂的猪繁殖与呼吸综合征肺炎，间质性肺炎常混合化脓性纤维素性支气管肺炎或被化脓性纤维素性支气管肺炎所掩盖。有些感染病例还可见胸膜炎。

胎儿病理变化：由坏死性化脓和淋巴组织细胞脉管炎引起的局部出血导致脐带扩增为正常直径的 3 倍。

五、诊断

临床诊断：在繁殖猪发生繁殖障碍以及任何日龄猪发生呼吸道疾病的猪场均存在 PRRSV。各年龄阶段的猪表现为间质性肺炎和淋巴结肿大等这些大体病变提示可能感染 PRRSV。但由于其他病毒和细菌性疾病也可能引起相似的病变，因此并不能确诊。另外但缺乏明显的临床症状并不表明猪群中没有感染PRRSV。

实验室诊断：采集病猪血清、死胎、精液、脾脏、扁桃体等进行病毒检测。采用荧光抗体（FA）、免疫组织化学（IHC）、RT-PCR 等方法。目前，已研制出一种快速检测 PRRSV 的免疫色谱试纸条，但还未商品化。

六、目前流行情况

猪繁殖与呼吸综合征已成为猪场最棘手的疫病，猪繁殖与呼吸综合征病毒NADC30 毒株已在很多地区流行，2015 年该毒株将进一步扩散和蔓延，无疑还会有不少猪场受到感染而引发较为严重的疫情。而目前疫苗针对这个毒株有无保护率，尚未有相关数据。

七、预防和控制

目前，猪繁殖与呼吸综合征仍以散发为主，但临床情况会比较复杂，特别是一些使用高致病性减毒活疫苗的猪场，应区分临床发病是由野毒株还是由疫苗毒株引起的。猪繁殖与呼吸综合征病毒仍会呈现毒株多样性的局面，新毒株还会增多。因此，控制猪繁殖与呼吸综合征必须采取综合防控措施，应将生物安全控制措施放在第一位，不能单纯依靠减毒活疫苗，积极探索闭群饲养、毒株驯化、多点饲养等方式，建立适合自身猪场的综合防控体系。美国的实践经验表明，通过采取严格的生物安全措施，切断 PRRSV 传播途径和消灭传染来源是预防猪群感染 PRRSV 的最有效措施。

建议：

① 猪繁殖与呼吸综合征阴性猪场应重在生物安全，严防猪繁殖与呼吸综合征病毒传入，禁止使用活疫苗，维持猪群阴性。

② 猪繁殖与呼吸综合征阳性 / 稳定猪场应以生物安全为重，防止猪繁殖与呼吸综合征病毒新毒株传入，不宜使用高致病性毒株减毒活疫苗。

③ 在猪繁殖与呼吸综合征阳性 / 不稳定猪场，应改善猪场硬件和饲养管理条件、强化卫生消毒，切断猪繁殖与呼吸综合征病毒在猪场的循环与传播；加强引种监测，严格人员进出控制和运输工具的清洗消毒，防止新毒株的传入；合理、科学和规范使用安全性较好的猪繁殖与呼吸综合征活疫苗，采取 1 次免疫（即母猪群和后备种猪在配种前 1~3 个月免疫 1 次；生长猪在发病节点前 3~4 周 1 次免疫），猪群稳定后应停止使用，不可长期使用，避免普免和高频度免疫，不宜随意更换不同毒株的疫苗。

④ 同时有多个毒株感染的猪场，应适当进行清群。

⑤ 猪繁殖与呼吸综合征疫情发生猪场，应及时淘汰和无害化处理发病猪，强化猪场环境卫生消毒，控制发病猪群的细菌性继发感染以降低死亡率，合理使用减毒活疫苗，猪群稳定后应逐渐停用。

⑥ 条件较好的猪繁殖与呼吸综合征阳性种猪场应着力开展猪繁殖与呼吸综合征的净化工作，达到阴性。

八、治疗

发生蓝耳病时，控制肺部继发感染，同时使用一些降温药如双黄连、安乃近等对严重猪注射。假定健康猪群可使用猪蓝耳病弱毒苗紧急免疫。

任务 4 猪细小病毒病

猪细小病毒病（Porcine parvovirus infection）是由猪细小病毒引起的猪繁殖障碍性疾病，其特征为感染母猪，特别是初产母猪产出死胎、畸形胎、木乃伊胎、流产及病弱仔猪，母猪本身无明显临床症状。本病于 1967 年在英国首次报道，其后在欧洲、亚洲及大洋洲很多国家均有本病的报道，现已遍布全世界。

一、病原

猪细小病毒（*Porcine parvovirus*，PPV）属于细小病毒科（*Parvoviridae*），细小病毒属（*parvovims*）。病毒粒子呈圆形或六角形，无囊膜，直径为 20 nm，基因组为单股 DNA。

猪细小病毒可以凝集许多动物的红细胞，包括鼠、猴、鸡和人（O 型血）的纤维细胞。该病毒能在许多猪的细胞系中培养（PK–15、SPEV、猪睾丸细胞及其他细胞），能引起显著的细胞病变。

该病毒耐热性强，56℃ 48 h，80℃ 5 min 才失去感染力和血凝活性。对乙醚、氯仿不敏感，pH 值适应范围很广。

二、流行病学

猪细小病毒病在全球大部分地区呈地方流行，虽然只有妊娠母猪表现繁殖障碍症状，但是此病毒可迅速在易感猪体内繁殖。病毒随着急性感染猪的粪便及其他分泌物排出，在猪群中经污染媒介传播。有报道啮齿类动物作为机械性的携带者可将病毒引入猪群。感染公猪精液中也存在 PPV。

易感的健康猪群一旦感染病毒，3 个月内 100% 的感染。本病主要发生于初产母猪，特别是购入带毒猪后，可引起暴发流行，经产母猪也可发生。

三、临床症状

PPV 感染的唯一及主要临床症状是母猪繁殖障碍，接种疫苗的种群繁殖障碍率低，但是 PPV 病毒在未接种疫苗或疫苗接种不当的种群中可造成毁灭性的流产风暴。

母猪表现为发情不正常，久配不孕，感染的母猪可能重新发情而不分娩。不同孕期感染表现不同症状，在怀孕 30~50 d 之间感染时，主要是产木乃伊胎，怀孕 50~60 d 感染多出现死胎，怀孕 70 d 以上则多能正常产仔，无其他明显症状。本病还可引起产仔瘦小、弱胎。公猪感染后受精率和性欲没有明显变化。

四、大体病理变化

眼观病变为母猪子宫内膜有轻微炎症，胎盘有部分钙化，胎儿在子宫有被溶解、吸收的现象。感染胎儿还可见充血、水肿、出血、体腔积液、脱水（木乃伊化）及坏死等病变。

五、诊断

临床诊断：如见到流产、死胎、胎儿发育异常等情况而母猪没有明显的临床症状，母猪发情不正常、久配不孕，应考虑本病的可能性。

实验室诊断：实验室确诊 PPV 感染包括木乃伊胎和胎儿遗骸，通过免疫荧光技术观察胎儿组织的病毒抗原是诊断 PPV 的一种可靠方式。

六、预防和控制

PPV 在猪群中流行很普遍，而且在环境中有很高的稳定性，这些因素导致很难建立和维持无 PPV 感染的育种猪。

预防和控制办法

① 免疫接种。

② 血清学检测阳性猪必须隔离或淘汰。

③ 引种时，要在检测细小阴性的猪场购猪，并且隔离饲养 2 周无症状方可混群。

任务 5 猪流行性乙型脑炎

流行性乙型脑炎（Swine epidemic encephalitis B）又称日本乙型脑炎，简称乙脑，是由流行性乙型脑炎病毒引起的一种虫媒性人畜共患病，该病属于自然疫源性疾病。1993 年 Fujita 首次从日本人脑炎病例中分离到流行性乙脑病毒，随后又在三带喙库蚊上分离到。在亚洲南部、东部和东南部。流行性乙脑病毒是人类病毒性脑炎和儿童时期病毒性神经性感染和残疾的主要病因。流行性乙脑病毒也是引起马致死性脑炎的重要病原，并且可以引起猪流产和死胎，也是一种引起重大经济损失的繁殖障碍性疾病。

一、病原

流行性乙脑病毒（Encephalitis B virus）首先（1953 年）在日本从患者脑组织中分离获得，因此称日本脑炎病毒（Japanese encephalitis virus，JEV），属于黄病毒科（*Flaviviridae*），黄病毒属（*Flavivirus*）。病毒为单股 RNA。核心为 RNA 包以脂蛋白囊膜，外层为含糖蛋白的纤突。外层纤突具有血凝活性，能凝集鹅、鸽、绵羊和雏鸡的红细胞，但不同毒株的血凝滴度有明显差异。病毒对外界环境的抵抗力不强，在 −20℃可保存一年，但毒价降低，在 50%甘油生理盐水中于 4℃可存活 6 个月。病毒在 pH 值 7 以下或 10 以上，活性迅速下降，常用消毒药都有良好的灭活作用。本病毒适宜在鸡胚卵黄囊内繁殖，并产生细胞病变和形成蚀斑。

二、流行病学

流行性乙型脑炎是一种动物传染的人畜共患病，本病主要通过带病毒的蚊虫叮咬而传播。三带喙库蚊是优势蚊种之一，嗜吸畜（猪、牛、马）血和人血，感染阈低（小剂量即能感染），传染性强。病毒能在蚊体内繁殖和越冬，且可经卵传至后代，带毒越冬蚊能成为次年感染人畜的传染源，因此蚊不仅是传播媒介，也是病毒的贮存宿主。某些带毒的野鸟在传播本病方面的作用亦不应忽视。

经检查发现，在本病流行地区，畜禽的隐性感染率均很高，国内很多地区的猪、马、牛等的血清抗体阳性率在 90%以上，特别是猪的感染最为普遍，猪是 JEV 主要的放大宿主，特别是在流行地区，猪也是地方特有的保存宿主。猪在自然感染后形成高的、持续的病毒血症。

三、临床症状

成年猪一般不表现明显的感染迹象。受感染的怀孕母猪或后备母猪最常见的症状是繁殖障碍导致流产、死胎、木乃伊胎或弱仔。母猪在怀孕之前的 60~70 d 感染 JEV 会导致繁殖障碍，在此后的感染不会影响仔猪。

仔猪自然感染 JEV 通常症状不明显，但是近来的报道表明 2~10 日龄的幼龄动物发成脑膜炎，表现不同程度的抑郁和后肢震颤等消瘦症状。

公猪感染导致一侧或两侧睾丸明显水肿（较正常睾丸大 0.5~1 倍）、充血，从而导致精子运动减慢或精子异常。这些影响一般为暂时的，可完全恢复。

四、大体病理变化

母猪感染 JEV 无特征性病变。公猪主要在公猪睾丸鞘膜有大量黏液，附睾边缘和鞘膜层可见纤维增厚。胎儿有脑水肿、皮下水肿、胸膜积水、腹水、淋巴结充血、肝和脾坏死灶、脑膜和脊髓充血。小脑发育不全。

五、诊断

临床诊断：根据此病流行于蚊虫滋生的 5—10 月，感染猪高热稽留，妊娠母猪流产，产死胎、弱仔和木乃伊，公猪睾丸炎和仔猪有脑炎症状可以做出临床诊断。注意鉴别诊断，包括伪狂犬、布病、猪繁殖与呼吸综合征等。

实验室诊断：采取感染胎儿的脑、肝、脾或死胎和新生胎儿的胎盘组织进行病毒分离。分子生物学检测方法，如 RT–PCR 可以检测和辨别脑脊髓液、血清、组织培养悬浮液中的 JEV。

六、预防和控制

加强饲养管理，注意驱蚊灭虫，尤其是消灭越冬的蚊虫。

在流行地区猪的免疫接种，种猪在蚊虫滋生前 1~2 个月（每年 2—4 月初），使用乙型脑炎弱毒苗接种一次即可，必要时可加强免疫第二次。但是针对 JEV 的猪疫苗未被广泛的应用。

七、公共卫生

乙脑主要分布在亚洲远东和东南亚地区，经蚊子传播，多见于夏秋季，临床上急起发病，有高热、意识障碍、惊厥、强直性痉挛和脑膜刺激征等。每年有近 175 000 万人死于脑炎，JEV 感染的病例中，有 1/300~1/25 的比例会发生疾病，大约 25 % 的日本脑炎病例是致命的，50 % 的人有某种形式的神经系统后遗症，如四肢瘫痪或精神迟钝等，大约 25 % 的人能完全康复。

任务 6　猪圆环病毒感染

猪圆环病毒感染时由猪圆环病毒引起的猪的一种新的传染病，该病最早发现于加拿大（1991），很快在欧美及亚洲一些国家包括我国发生和流行，除断奶仔猪多系统衰弱综合征外，猪皮炎和肾病综合征、增生性坏死性肺炎、猪呼吸道疾病综合征、繁殖障碍、先天性颤抖、肠炎等疾病亦猪圆环病毒感染有重要关联。猪圆环病毒及其相关的猪病，死亡率10%~30%不等，较严重的猪场在暴发本病时死淘率高达40%，给养猪业造成严重的经济损失。现已被世界各国的兽医与养猪业者公认为是继猪繁殖与呼吸综合征之后新发现的引起猪免疫障碍的重要传染病。

一、病原

猪圆环病毒（Porcine circovirus，PCV）属于圆环病毒科，圆环病毒属。为已知的最小的动物病毒之一。病毒粒子直径14~17 nm，呈20面体对称结构，无囊膜，含有共价闭合的单股环状负链DNA，基因组大小约为1.76 kb。

现已知PCV有两个血清型，即PCV1和PCV2。PCV1为非致病性的病毒，PCV2为致病性的病毒。PCV2是断奶仔猪多系统衰竭综合征（Post- weaning Multisystemic Wasting syndrome，PMWS）的主要病原。

二、流行病学

野生猪和家猪是PCV2的自然宿主，其他动物包括人均对PCV2不易感。但是PCV可在小鼠中进行复制，说明小鼠可能作为中间宿主或传播媒介。感染猪可自鼻液、粪便等废物中排出病毒，经口腔、呼吸道途径感染不同年龄的猪。怀孕母猪感染PCV2后，可经胎盘垂直传播感染仔猪。人工感染PCV2血清阴性的公猪后精液中含有PCV2的DNA，说明精液可能是另一种传播途径。PCV2主要是感染哺乳后期的仔猪和保育猪，多数猪在4~11周龄发生感染，发病率通常为8%~10%，有时高达20%左右。根据法国报道，在肥育猪场出现典型病例，发病期间平均死亡率为18%，高达35%，有的国家报道死亡率可高达50%。猪群中未见其他异常症状，母猪生殖能力正常。饲养条件差、通风不良、饲养密度高、不同日龄猪混养等应激因素，均可加重病情的发展。

三、临床症状和大体病理变化

PCV2广泛存在，且大多数为亚临床感染，试验表明，PCV2感染猪的比例及它们的病毒载量在哺乳后逐渐上升，同时伴随母源免疫保护力下降。

临床上以新生仔猪先天性震颤、PMWS、猪皮炎和肾性综合征（Porcine dermatitis and nephropathy syndrome，PDNS）及混合感染为主要症状。

（1）传染性仔猪先天性震颤　临床表现差异很大，震颤表现为中等到严重。同窝发病情况也不一致。通常双侧震颤，可影响到骨骼肌，仔猪休息或睡眠时得到缓解。但强刺激可重新激发震颤或加重。出生1周内的仔猪,震颤严重的不能吸吮乳汁而饿死,1周龄以上的猪常常能够耐过。有些猪到生长育肥阶段还有震颤的现象。

(2)PMWS 主要发生在2~4月龄的猪,很少影响哺乳仔猪。主要为猪只渐进性消瘦、皮肤苍白、呼吸困难,有时会发生腹泻、黄疸。早期临床表现为皮下淋巴结肿大。

PMWS病变主要集中在淋巴组织,早期最显著特征是淋巴结肿大。但在晚期,淋巴结呈正常大小或萎缩,此外,猪胸腺也常出现萎缩;肺脏有时扩张,无萎陷,质地橡皮样,病变呈弥漫性或斑块状分布;一些病例中肝脏肿大或萎缩,颜色发白、坚硬且表面呈颗粒状;一些病例肾皮质表面会出现白点(非化脓间质性肾炎)。

(3)PDNS 主要发生在仔猪、育成猪和成年猪,发病率通常小于1%,仔猪和感染猪死亡率50%~100%,耐过猪成为僵猪。一般表现轻度发热或不发热,食欲不好,精神不振,喜卧,不愿走动,步态僵硬,最显著的是后肢、会阴部皮肤出现不规则的紫红色斑块和丘疹,有蔓延的趋势,随着病程延长,病变皮肤变成黑色痂皮,愈后成为疤痕。

猪皮炎和肾病综合征病变主要表现双侧肾肿大,皮质表面呈颗粒状,红色点状坏死,肾盂水肿,这些病变与纤维素性坏死性肾小球炎并伴随有非化脓性间质性肾炎的病变相一致。

(4)生殖系统疾病 PCV2感染与母猪流产及死胎相关,但PCV2感染对于繁殖障碍的作用在试验中还不清楚,有些报道认为其发生率极低;而另一些报道却认为PCV2感染可导致高达13%~46%的胎儿流产或死胎。

PCV2相关生殖系统疾病中,死胎或死亡的新生仔猪一般呈慢性、静脉性肝淤血及心脏肥大、多个区域呈现心肌变色等病变。

(5)常见的混合感染 PCV2感染可引起猪的免疫抑制,从而使机体更易感染其他病原,PCV2与其他疫病的混合感染导致临床疾病复杂性增加。最常见的混合感染有PRRSV、PRV、PPV、肺炎支原体、多杀性巴氏杆菌、PEDV、SIV,有的呈二重感染或三重感染,其病猪的病死率也将大大提高,有的可达25%~40%。

① PCV2+HCV:降低猪瘟疫苗的免疫力。

② PCV2+PRRSV:交织感染引发强烈的免疫抑制。

③ PCV2+PRV:影响伪狂犬疫苗的免疫应答。

④ PCV2+细菌:细菌病特别是副猪嗜血杆菌、链球菌发病率升高。

四、诊断

1.临床诊断

（1）断奶仔猪多系统衰弱综合征　单只猪或猪群符合下列症状和病理变化时则可判断为患断奶仔猪多系统衰弱综合征。

①生产缓慢、消瘦、持续呼吸困难及腹股沟淋巴结肿大，有时发生黄疸。

②淋巴组织呈现中度至重度组织病理变化特征。

③病变淋巴组织或其他组织中含有中滴度至高滴度 PCV2 病毒。

（2）猪皮炎和肾病综合征

①出血性或坏死性皮肤病变，主要在后肢及会阴区／或肿胀及变白的肾脏，伴有广泛的肾皮质淤血。

②全身坏死性脉管炎，坏死性及纤维素性肾小球肾炎。

（3）生殖系统疾病

①后期的流产和死胎，有时可见到胎儿明显的心肌肥大。

②心肌损伤，表现为广泛的纤维组织增生和／或坏死性心肌炎。

③心肌损伤部位及其他死胎组织中可含有大量 PCV2 病毒。

2.实验室诊断

已有多种方法可用于检测组织中的 PCV2 病毒。原味杂交（ISH）及免疫组化（IHC）广泛用于诊断 PCV2。

五、预防和控制

（1）管理措施　接种疫苗前，预防和控制要集中于消灭不利的环境因素和感染因素，以及断奶仔猪多系统衰弱综合征的诱发原因。例如实行 Madec 20 条方案（降低疾病影响的管理措施清单）可显著降低发病猪群的死亡率（Madec 等，2001）。

（2）并发疾病　针对断奶仔猪其他病毒或细菌的并发感染进行控制可降低断奶仔猪多系统衰弱综合征的发病率。对于很多猪群来说，蓝耳病的控制是控制断奶仔猪多系统衰弱综合征的关键。在许多存在断奶仔猪多系统衰弱综合征问题的猪群当中，控制并发疾病之后断奶仔猪多系统衰弱综合征就消失了。

（3）免疫刺激　关于商业化猪场当中猪只受到免疫刺激诱发临床疾病的理论还存在争议，然而，许多临床兽医都建议猪场调整疫苗接种时间，以便降低断奶仔猪多系统衰弱综合征的影响。有理由相信免疫接种确实可能诱发断奶仔猪多系统衰弱综合征。然而，这种措施的真正效果还没有经过验证。

任务 7　猪传染性胃肠炎

传染性胃肠炎是一种高度接触传染性肠道疾病，已引起 2 周龄以下仔猪呕吐、严重腹泻和高死亡率（通常 100%）为特征。世界上大多数国家都有该病的发生。

一、病原

猪传染性胃肠炎病毒（Transmissible gastroenteritis virus of swine，TGEV）属于冠状病毒科冠状病毒属（Coronavims），有囊膜，形态多样，呈圆形、椭圆形和多边形，直径为 60~160 nm，表面有一层棒状纤突，长约 12~25 nm。TGEV 基因组为单股 RNA。

本病毒对牛、猪、豚鼠及人的红细胞没有凝集或吸附作用，对乙醚、氯仿及去氧胆酸钠敏感，对 0.5% 胰酶能抵抗 1 h，病毒不耐热，56℃ 45 min，65℃ 10 min 死亡。在阳光下曝晒 6 h 即被灭活，紫外线能使病毒迅速失活。病毒在 pH 值 4~8 稳定，pH 值 2.5 则被灭活。

二、流行病学

猪是 TGEV 自然感染的唯一宿主，对一个猪场来说，可将传染性胃肠炎归纳为两种流行形式：流行性和地方流行性。流行传染性胃肠炎指该病于一个全部或大多数 TGEV 阴性和易感的猪场发生。当 TGEV 侵入这类猪场，很快感染所有年龄的猪，尤其是在冬天；地方流行性传染性胃肠炎是指本病和本病毒在一个猪场中持续存在，这是因不断或经常受到易感染猪的影响，易感染猪感染后造成本病长期存在。

病猪和带毒猪是其主要的传染源，经消化道和呼吸道传播，母猪乳汁可以排毒，并通过乳汁传播给哺乳仔猪。各种年龄的猪均可感染发病，但症状轻微，并可自然康复，以 10 日龄以下的哺乳仔猪发病率和死亡率最高，随年龄的增大死亡率稳步下降。传染性胃肠炎的主要流行特点是呈季节性，多流行于冬春寒冷季节，夏季发病少。

三、临床症状

流行性传染性胃肠炎：仔猪的典型症状是水样呕吐，通常黄色腹泻、体重迅速下降、脱水，2周龄以下的猪发病率和死亡率较高，临床症状的轻重、发病持续时间的长短和死亡率与猪的年龄呈负相关。断奶仔猪和母猪主要是食欲不振、短暂腹泻和呕吐。

地方流行性传染性胃肠炎：地方流行性传染性胃肠炎最可能发生在仔猪出生率高和 TGEV 血清阴性的大猪场，感染猪的临床症状较轻，在某些猪场，受管理情况制约，地方流行性传染性胃肠炎主要发生于断奶仔猪，而且可能与大肠杆菌、球虫或轮状病毒（Porcine Rotavirus，PoRV）混合感染。

四、大体病理变化

尸体明显脱水，胃内充满凝乳块，胃底黏膜轻度充血，小肠充满黄色的含未消化凝乳块的泡沫性液体，胃肠呈卡它性炎症，肠壁变薄、半透明、无弹性。肠系膜充血，淋巴结肿胀，淋巴管没有乳糜。肾常有浑浊肿胀和脂肪变性，并含有白色的尿酸盐类。

传染性胃肠炎重要病变是空肠和回肠绒毛萎缩。

五、诊断

临床诊断：根据流行病学特点，多发生在寒冷季节，传染迅速，水样粪便，奶猪死亡率高，小肠充满黄色的含未消化凝乳块的泡沫液体，空肠和回肠绒毛萎缩，胃肠卡它性炎症，肠壁变薄、半透明、无弹性等可以做出临床诊断，鉴别诊断注意和 PEDV、PoRV 感染相区别。

实验室诊断：TGEV 的实验室诊断通常进行以下一种或几种检测：病毒核酸检测、病毒显微镜检测、病毒的分离、鉴定或有效抗体应答的检测。

六、预防和控制

1. 治疗

① 在传染性胃肠炎暴发期间，使用 1~20IU 人 α 干扰素给仔猪口服，连续 4 d，可降低死亡率。

② 抗菌治疗：特别是发生大肠杆菌混合感染时使用抗菌药物具有一定效果。

2. 生物安全措施

① 从无 TGEV 猪场引进猪，并且是血清学阴性猪场。引进后在猪场隔离2~4 周。

② 严格管理感染 TGEV 猪的粪便，特别是在冬天。

3.免疫接种

在本病每年流行的前1月左右，全群注射猪传染性胃肠炎弱毒苗进行预防。

任务8　猪流行性腹泻

1971年，在英格兰地区架子猪和育肥猪群中暴发了以前未发生过的急性腹泻，乳猪不发病，该病蔓延至其他欧洲国家，1981年猪流行性腹泻病毒被提出。1970—1980年，PEDV曾在欧洲地区广泛流行，各年龄阶段的猪均发病，给养猪业造成严重损失，但2000年，该病的流行呈单发性。2005—2006年在意大利该病流行，波及63个猪群，所有日龄段猪均可发病，但是死亡率主要集中于乳猪。在亚洲，猪流行性腹泻最初于1982年发生于日本，随后不断发生，至1990年，乳猪的死亡率从30%上升至100%，1993年，韩国首次发生猪流行性腹泻，所有日龄段猪均发可病。在泰国，2007—2008年，有24个农场发生猪流行性腹泻流行，所有日龄段猪均发可病。以上数据表明，猪流行性腹泻在亚洲部分地区国家广泛流行，在中国，猪场频发发生PEDV感染，尽管进行了疫苗免疫，但是在诸多省份中仍旧持续发生且危害严重。

一、病原

猪流行性腹泻病毒（Porcine epidemic diarrhea virus，PEDV）属于冠状病毒科（Coronaviridae）α病毒属（Coronavirus）。PEDV基因组为单股RNA，韩国的Chinju99毒株和中国的LBJ/03毒株整个N基因的核苷酸序列和氨基酸与比利时的CV777株有96%的同源性。

病毒粒子呈多形性，倾向于圆形，直径约95~190 nm。大多数病毒粒子有一个电子不透明的中央区，顶端膨大的纤突长18~23 nm，从核衣壳向外呈放射状排列。

PEDV可在Vero（非洲绿猴肾细胞）上增殖，但需要在培养基中补充胰蛋白。细胞病变（CPE）包含空泡化和多达100个核的合胞体形成。

二、流行病学

PEDV仅感染猪，各种年龄的猪都能感染发病。哺乳仔猪、架子猪或育肥猪的发病率很高，尤以哺乳仔猪受害最为严重，母猪发病率变动很大，为

15%~90%。病猪是主要传染源。病毒存在于肠绒毛上皮和肠系膜淋巴结，随粪便排出后，污染环境、饲料、饮水、交通工具及用具等而传染。直接或间接粪传播是PEDV的主要传播途径。种猪场该病暴发后，病毒可能自然消失或持续存在，分娩和断奶仔猪数量大的猪场，疾病暴发急性期之后，PEDV同过感染断奶时丧失初乳免疫的下一窝仔猪而存活，因而呈地方流行性。

三、临床症状

PEDV主要的明显症状是水样腹泻。种猪场所有日龄的猪均可发病，仔猪发病率接近100%，但母猪发病率高低不一。1周龄以内的仔猪常常持续腹泻3~4 d后因脱水而死亡，死亡率平均为50%，但有时高达100%。日龄较大的仔猪约1周后康复。母猪可能发生腹泻，或不发生腹泻仅表现精神沉郁和厌食。育肥猪中，在同一猪舍各单元的所有猪在一周内均出现腹泻症状。

四、大体病理变化

仔猪病变局限在小肠，腹泻早期，小肠内充满大量黄色液体并膨胀。新生仔猪严重脱水。镜下，可见小肠上皮空泡形成和脱落，主要发生于绒毛上部。这些病理变化与TGEV的病变极相似，但猪流行性腹泻范围较小。

五、我国流行特征

发端于2010年的猪腹泻病连续数年肆掠，导致国内十余省数以百万计的仔猪死亡，尤以大型猪场的损失为最。首次暴发猪腹泻病时所有猪均可发生，但哺乳仔猪发病最为严重，尤以7日龄内新生仔猪为甚，临床表现呕吐、腹泻、脱水，发病率和病死率可达100%，再次发生时症状减轻，一次较一次为轻，处理不当的猪场可能转为地方流行性，迁延数月甚至经年不愈。

猪腹泻病因迄今已基本定论，变异的PEDV为主要的致病因子，可能的混合感染、协同感染病因有猪库布病毒（Porcine kobu virus）、TGEV、PoRV、大肠杆菌、沙门氏菌等。

PEDV的新毒株与韩国KUN毒株的变异特征相同，变异毒株与疫苗毒株存在很多差异，特别是S基因的1~8 000bp处差异十分明显，亟待研制针对新毒株的疫苗。

由于此种新的强致病性毒株遍布全国，猪流行性腹泻防控形势不容乐观。现有不同厂家的病毒性腹泻疫苗效果褒贬不一。

六、诊断

临床诊断：PEDV 感染的诊断必须与 TGEV 相鉴别，在所有日龄猪急性腹泻时，仅可通过实验室确诊。同时注意与大肠杆菌和 PoRV 感染相区别。

实验室诊断：通过直接检测 PEDV 或其抗原可以做出病原学诊断。于腹泻开始 1d 后收集腹泻仔猪粪便进行直接电镜观察可见 PEDV 粒子。目前，已建立了许多 ELISA 方法，通过多抗或单抗检测粪中的抗原。

七、预防和控制

感染 PEDV 的哺乳仔猪应让其自由饮水，以减少脱水的发生，对于育肥猪建议停止喂料。

由于 PEDV 传播较慢，可采取一些预防措施暂时防治病毒进入分娩舍而侵害新生仔猪，这种方法有利于推迟仔猪感染而减少死亡损失。当前，妊娠母猪暴露在病毒污染的粪便或肠内容物下，可激发母猪乳汁中迅速产生免疫力，因而可缩短本病的流行时间。若连续数窝的断奶仔猪均存在病毒，则可将仔猪断奶后立即转移别处至少饲养 4 周。

该病在亚洲暴发严重，所以正在研制弱毒疫苗。在中国，由 TGEH 和 CV777 弱毒株组成的二价活疫苗，自 1977 年来已用于猪传染性胃肠炎和猪流行性腹泻的常规预防。

任务9 猪流行性感冒

流感病毒是猪群急性呼吸道病暴发的主要病原之一，但常呈现亚临床感染。猪流感的流行病学包含了人源、禽源以及猪源一系列病毒复杂的相互作用。相反的，猪被视为在病毒基因重组和 / 或适应中起重要作用的中间宿主，从而导致流感病毒往具有人类流行潜力的方向发展。

一、病原

猪流感病毒（Swine influenza virus，SIV）属于正黏病毒科（*Orthomyxoviruses*），为多形性，有囊膜的病毒。流感病毒以 8 个不连续的反义 RNA 片段编码 10 或 11 个病毒蛋白，流感病毒基因组的这种分阶段特性使得共同感染同一宿主的两个病毒在复制时可以交换 RNA 片段，即众所周知的基因重组过程。

世界卫生组织 2009 年 4 月 30 日将此前被称为猪流感的新型致命病毒更名为 H1N1 甲型流感（influenza A（H1N1）。甲型 H1N1 流感病毒是 A 型流感病毒，携带有 H1N1 亚型猪流感病毒毒株，包含有禽流感、猪流感和人流感三种流感病毒的核糖核酸基因片断，同时拥有亚洲猪流感和非洲猪流感病毒特征。

甲型流感有很多个不同的品种，H1N1、H1N2、H3N1、H3N2 和 H2N3 亚型的甲型流感病毒都能导致甲型 H1N1 流感的感染。与禽流感不同，甲型 H1N1 流感能够以人传人。过往曾经发生人类感染甲型 H1N1 流感，但未有发生人传人案例。2009 年 4 月中，墨西哥公布发生人传人的甲型 H1N1 流感案例，有关案例是一宗由 H1N1 病毒感染给人的病例，并在基因分析的过程发现基因内有猪、鸡及来自亚洲、欧洲及美洲人种的基因。

二、流行病学

除了家猪和人类外，已证明猪流感病毒也可感染野猪，家养火鸡以及在罕见的情况下感染放养水禽。猪流感全年发生，且随着养殖生产移向限制系统，季节性的疾病发生已变得不突出。猪流感病毒的基本传播途径是猪与猪直接鼻咽接触，鼻腔分泌物中病毒滴度最高，因此，在大量猪群密集的区域，空气传播可能导致猪流感的传播。

猪流感病毒在全世界大部分猪群中存在，然而，病毒亚型及基因型的分布却有很大差异。亚洲猪流感流行病学比欧洲及美洲更为复杂，例如，在华南，同时存在长期流行的经典 H1N1 猪流感病毒、欧洲类禽源的 H1N1 病毒及北美 H1N2 病毒。各种 H2N3 重组病毒遍及亚洲，有些与欧洲及北美系的病毒相似，很明显这些猪流感病毒在亚洲具有独特性，同时流行如此多的基因多样性猪流感病毒导致了多种极复杂的重组病毒产生。

三、临床症状

典型的猪流感暴发以高热（40.5~41.5 ℃）、厌食、倦怠、扎堆、喜卧、呼吸困难以及几天后的咳嗽为特征。呼吸困难最为典型（腹式呼吸）。临床上典型的急性猪流感的暴发只限于完全易感的血清阴性猪。本病发病率高达 100%，但死亡率不高，一般不超过 1%，1 周左右开始恢复。

除猪免疫状态之外，年龄、气候、猪舍条件及并发感染也影响猪流感的症状。继发细菌感染如传染性胸膜肺炎、多杀性巴氏杆菌、猪肺炎支原体、副猪嗜血杆菌及 2 型链球菌等可加重猪流感的进程。其他的呼吸道病毒，如 PRCV

及 PRRSV 通常与 SIV 同时感染。

四、大体病理变化

单纯的猪流感的眼观病变主要是病毒性肺炎，病变大都局限于肺的尖叶及心叶。通常感染肺组织和正常肺组织界限明显，且病变部呈紫红色坚硬状，小叶间明显气肿，充满血色、纤维素性渗出，相连的支气管及纵隔淋巴结肿大。

五、诊断

由于猪流感没有可确诊的症状以及必须与猪其他呼吸道疾病进行鉴别，故对猪流感的临床诊断只是推测性的。确诊只能通过分离病毒、检测病毒蛋白或核酸，或者检测病毒特异性抗体。

六、预防和控制

免疫接种仍然是预防猪流感的最主要方法。商品化的 SIV 疫苗为传统的通过肌内注射的灭活苗。初次免疫 2 次，间隔 2~4 周，母猪每年加强免疫 2 次。产前对母猪进行常规免疫可使仔猪获得高水平、持续更长时间的母源抗体，从而在整个哺乳期保护仔猪。

新型疫苗仍处于实验阶段，但结果不尽如人意。这些疫苗包括以流感的 HA、NP、M 基因或其组合为基础的 DNA 疫苗，表达 M2 蛋白的重组疫苗，以及表达 SIV、HA 或 / 和 NP 的人 5 型腺病毒载体疫苗等。有资料研究这些疫苗与传统疫苗联合使用时效果更好，将来有望采取这种联合措施。

七、公共卫生

世界卫生组织的 Martin Kaplan 于 1957 年亚洲流感流行期间曾提出过动物在人流感的生态学及流行病学上具有潜在的意义，Bernard Easterday 博士于 1976 年首次证明了猪流感传染给猪场养殖人员。现在越来越多的证据支持猪流感病毒感染病例的发生，以及流感病毒从人到猪，从猪到鸟类，以及在一定范围内从鸟类到猪的种间传播。猪流感病毒来源的感染病例在全世界范围内均有报道，包括经典的 H1N1 猪源病毒。关于猪源病毒在人与人之间的传播证据不足。

任务 10　猪口蹄疫

口蹄疫是一种临床上偶蹄兽动物发生的急性水疱疾病，包括家养及野生的猪以及反刍动物等。发病急，传播快，引起严重的经济损失和国际贸易。口蹄疫是世界动物健康组织列表的几大类重大疫病之一。20 世纪，口蹄疫在欧洲暴发，每 5~10 年就一次大的流行，这种状态持续到 1970—1973 年。之后由于高效疫苗的应用这种状态明显改变。1991 年，口蹄疫在欧洲完全根除，预防性接种被停止。

一、病原

口蹄疫病毒（Foot and mouth disease virus，FMDV）属于微核糖核酸病毒科（Picornaviridae），口疮病毒属肠道病毒。核酸为 RNA，全长 8.5 kb。病毒由中央的核糖核酸核芯和周围的蛋白壳体所组成，无囊膜，成熟病毒粒子约含 30% 的 RNA，其余 70% 为蛋白质。其 RNA 决定病毒的感染性和遗传性，病毒蛋白质决定其抗原性、免疫性和血清学反应能力，并保护中央的 RNA 不受外界核糖核酸酶等的破坏。

FMDV 具有多型性、易变性的特点。根据其血清学特性，现已知有 7 个血清型，即 O、A、C、SAT1、SAT2、SAT3（即南非 1、2、3 型）以及 Asia1（亚洲 1 型）。同型各亚型之间交叉免疫程度变化幅度较大，亚型内各毒株之间也有明显的抗原差异。病毒的这种特性，给本病的检疫、防疫带来很大困难。

FMDV 在病畜的水泡皮内及其淋巴液中含毒量最高。在水泡发展过程中，病毒进入血流，分布到全身各种组织和体液。在发热期血液内的病毒含量最高，退热后在奶、尿、口涎、泪、粪便等都含有一定量的病毒。

FMDV 对外界环境的抵抗力较强，不怕干燥。病毒对酸和碱十分敏感，因此很多均为 FMDV 良好的消毒剂。肉品在 10~12 ℃经 24 h，或在 4~8 ℃经 24~48 h，由于产生乳酸使 pH 值下降至 5.3~5.7，能使其中病毒灭活，但骨髓、淋巴结内不易产酸，病毒能存活 1 年以上。水泡液中的病毒在 60 ℃经 5~15 min 可灭活，80~100 ℃很快死亡，在 37 ℃温箱中 12~24 h 即死亡。鲜牛奶中的病毒在 37 ℃可生存 12 h，18 ℃生存 6 d，酸奶中的病毒迅速死亡。

二、流行病学

FMDV 感染大多数偶蹄动物，包括家养及野生的猪以及反刍动物等。在自然条件下，猪通过接触感染的动物或污染物直接或间接感染，空气传播 FMDV 是很重要的风险。易感动物通过分泌物和排泄物排毒，如唾液、泪液、鼻液、牛奶、呼出排出物、粪便及尿液等都含有病毒。

FMDV 分布在非洲有一定的地域性，主要是 SAT 型，但也有 A 型和 O 型。亚洲和中东是 O 型、A 型和亚洲 1 型，南美是 O、A 型，C 型已基本消失。病毒在边界有很强的交叉传播能力，尤其在先前没有感染的地区进行传播。无口蹄疫的国家自 2001 年后出现口蹄疫，其中日本 2010 年大量暴发 O 型口蹄疫，而韩国在 2000 年和 2002 年都有效地控制了口蹄疫的发生，但不能控制 2010 年口蹄疫的暴发，几个月内，O 型和 A 型同时出现在韩国。我国台湾在 2009 年停止接种疫苗，但 2010 年出现了新的血清型口蹄疫。这些例子说明，除非全球根除口蹄疫病毒，否则口蹄疫将不断传播，每个国家和地区都要做好准备。

三、临床症状

本病潜伏期很短，1~2 d，病初体温升高（41~42 ℃），俯卧、寒战，肢蹄发热，蹄部水泡出现，口舌水泡出现，精神不振，食欲减少或废绝；蹄冠、蹄叉、蹄踵发红形成水泡，继而溃烂出血，有继发感染的蹄壳大多脱落，病猪跛行、喜卧；鼻盘、吻突、口腔、齿龈、舌、下颌、乳房也可见到水泡和溃烂斑；驱赶或受惊吓时病猪尖叫声音很大。体重越大症状越严重。奶仔猪可因急性肠炎和病毒性心肌炎死亡，死亡率高达 60%~90%。

四、病理变化

除口腔、蹄部的水泡和烂斑，在咽喉、气管、支气管和前胃黏膜也有溃疡，胃和大小肠黏膜可见出血性炎症，心包膜有弥散性点状出血，心肌切面有灰白色或淡黄色斑点或条纹，好似老虎身上的斑纹，所以俗称为"虎斑心"，心肌松软像煮熟的肉，具有诊断意义。

五、目前流行特点

目前，猪口蹄疫仍以散发、局部流行为主，但应密切关注 A 型口蹄疫，不排除在一些地区发生和流行的可能。目前，猪口蹄疫的防控仍应以 O 型为重点，选择高质量的 O 型口蹄疫疫苗，做好疫苗免疫接种。受到 A 型口蹄疫感染的地区或猪场，可以考虑使用 O 型、A 型二价灭活疫苗。

六、诊断

口蹄疫的临床诊断比较困难，临床上与猪水泡病（swine vesicular disease，SVD）、水泡性口炎（vesicular stomatitis virus，VSV）、水泡性传染病等很难区别。因此要确诊必须依靠实验室。确定性诊断 FMDV 必须经过特定的实验室诊断才能完成。通常使用 ELISA 检测感染组织的病毒抗原，同时需要细胞分离培养和 ELISA 检测每份样品的细胞病理变化。

七、预防和控制

本病是目前发现的所有传染病中传染性最强的疫病，为国家一类动物传染病，控制和扑灭应按照《中华人民共和国动物防疫法》第三章的有关条款执行。发病后不进行治疗，必须进行扑杀。

（一）预防

1. FMDV 传播最主要的途径

① 感染动物运动。

② 饲喂污染的动物产品给易感动物。

③ 污染物的机械传播（人或动物等）。

这些途径的传播能够通过严格的措施防止，如限制感染动物的活动和采取生物安全措施。空气传播 FMDV 基本上很难控制，而且近距离传播比较多，但是远距离传播相对较少，然而，一旦远距离传播，便造成致死性的传染。

2. 疫苗接种

尽管疫苗接种能有效地控制 FMDV，但是因为 FMDV 有 7 种血清型，感染或接种一种血清型都不能抵抗其他血清型的感染，而且在同一血清型中也有很宽的毒株范围。而且一般疫苗引起的保护作用持续 4~6 个月，可疑的猪持续性地引起猪群或者通过再生产和动物的运动可能导致其携带病毒。因此，疫苗的接种通常需要每年 2 倍或更多倍。值得一提的是，一旦在猪群中发现口蹄疫就很难通过疫苗控制，而且很难根除。

（二）发病后措施

① 发现疫病流行，应立即上报，并封锁疫区，防止疫情扩散。病猪群屠

宰深埋，疫点用2%烧碱液消毒。疫区周围猪群紧急预防注射口蹄疫苗。

② 隔离要快，处理迅速，严格按照"早、快、严、小"的原则处理。

③ 对猪舍、环境和用具用2%烧碱液消毒。

④ 发病猪群和未发病猪群紧急注射口蹄疫苗，分开饲喂。严格做到人员、工具、饲料、运输车辆分开，不交叉。

⑤ 发病期间禁止外售猪只及其产品，并每日带猪消毒，封锁45 d，无新发病猪方可解除封锁。

八、公共卫生

尽管口蹄疫的出现已有很长的历史，但感染人的报道比较少，1966年，英国有一例口蹄疫病毒感染人的报道，该感染者生活在口蹄疫感染的牧场，喝了口蹄疫感染奶牛的牛奶而感染，出现了口蹄疫症状，在手、脚及口腔中出现水泡病变。虽然口蹄疫病毒能感染人，但是对口蹄疫的疫病学没有显著的作用，人在控制口蹄疫的传播过程中起重要作用，把病毒从感染的动物或污染的疑似物进行阻隔，另外，人的呼吸道能携带病毒一天至多天。

细菌病

任务 1　副猪嗜血杆菌病

副猪嗜血杆菌病，又称格拉瑟氏病（Glasser's Disease），存在于所有的主要养猪国家，而且仍然是现代化的日龄隔离式生产系统下的一种重要疾病，当前，副猪嗜血杆菌病的流行呈上升趋势，对健康状况的猪群造成严重影响。例如，在美国，它被认为是保育猪的一个主要的传染病，也对生产发育猪和母猪造成影响。

一、病原

副猪嗜血杆菌病（*Haemophilus parasuis*）是革兰氏阴性短小杆菌，不运动，具有多形性。是巴斯德菌科（*Pasteurellaceae*）成员，但是尚不清楚它在巴斯德菌科的定位。副猪嗜血杆菌菌株在表型和基因特性上具有异质性，包括毒力。目前，将具有相类似的抗原的菌株分为 15 个血清型，其中血清型 5 和血清型 4 在不同国家最为常见（占 70% 以上），英国例外，流行最为普遍的是血清 10 型，血清型和毒力之间的关系未得到证实，但血清型为 7 的菌株被认为是无毒力的，而且利用血清型为 7 的菌株能够复制出该病。

该菌生长时严格需要 V 因子（烟酰胺腺嘌呤二核苷酸，NAD），不需要 X 因子（氯化高铁血红素），副猪嗜血杆菌在浓缩的巧克力琼脂培养基上生长而不是在血琼脂培养中，然而，它也在提供 V 因子来源的葡萄球菌划线血琼脂培养中进行培养，呈现出特征性的卫星生长。副猪嗜血杆菌在巧克力琼脂培养基上生长 1~3 d 后能够产生小的、棕色至灰白色的菌落，或是在血琼脂培养上产生小的、半透明、不溶血菌落。

二、流行病学

副猪嗜血杆菌是正常呼吸菌群的一个成员，并且在猪群中普遍存在，定居菌落与免疫之间达成一个平衡，当这种平衡被打破后可引起疾病的发生。不同的因素能够引起疾病的发生，如室内温度不稳定、通风不良、早期断奶、仔猪免疫状态、其他病原体的出现及猪群中存在有副猪嗜血杆菌毒力菌株或新的毒力菌株的引进。

副猪嗜血杆菌的传播是通过易感动物与携带者或病猪的接触而发生，该病的严重程度取决于副猪嗜血杆菌株的毒力、仔猪的免疫力、猪群中并存的其他病原体以及宿主的遗传抗性等多种因素。副猪嗜血杆菌可以是原发性或继发性疾病，免疫抑制的发生能够促使通常局限于呼吸道的副猪嗜血杆菌侵入机体，已有研究报道，副猪嗜血杆菌感染与 PRRSV、PCV2 和 A 型流感病毒的流行病学联系。

三、临床症状

各种年龄的猪均易感，但临床症状主要见于 4~8 周龄的猪，最急性型病程短（＜48h），死亡动物不出现特征性的眼观病变。急性型最典型临床症状包括高热（41.5 ℃）、咳嗽、腹式呼吸、关节肿胀伴有跛行及侧卧，四肢呈划水状及震颤等中枢神经症状。这些症状可能会同时或单独出现。

四、大体病理变化

最急性型无特征病变，急性型全身感染病例是以纤维素性或纤维素性化脓性多浆膜炎、多关节炎和脑膜炎为特征。在胸膜、心包、腹膜、滑膜及脑膜可见有纤维素渗出物，而且通常伴随有液体增多。慢性感染猪通常出现严重的纤维素性心包炎、腹膜炎、胸膜炎及慢性关节炎。

五、诊断

根据流行病学和临床症状，多发性浆膜炎和关节炎可以做出初步诊断。确诊需要送检脑脊髓液、胸腔渗出物、心脏血液，做细菌分离培养、PCR、补体结合试验、酶联免疫吸附试验等进行诊断。

六、预防和控制

免疫接种和抗生素可用于副猪嗜血杆菌感染的预防控制。在一些国家，有

57

法规限制作为预防措施的抗生素的使用，仅允许这些药物以治疗的目的使用。所以抗生素被用来建议对单个发病猪进行治疗及控制副猪嗜血杆菌全身性感染引起的严重暴发。在不同国家和地区抗生素的敏感性存在差异。

免疫：目前国内尚无通用有效的疫苗。使用在农场流行的毒力菌株的疫苗应该是最为有效的，特异性疫苗的菌株应从浆膜纤维蛋白、关节和脑膜渗出物中分离，而不是从鼻拭子、扁桃体或肺实质中获得。

控制原发病：加强饲养管理，搞好环境卫生，加强隔离消毒，全进全出，减少猪群尤其是病猪流动，杜绝猪各生产阶段的混养状况等，以减少或消除其他呼吸道病原和降低其他呼吸道病的发生，对有效控制本病有良好作用。

发病猪的治疗：猪一旦发生本病，治愈的可能性很小。采用注射给药是最好的方式。不仅发病猪要治疗，而且同栏甚至同舍的猪也要治疗。治疗过程中注意排毒、强心利尿以增强毒素排泄、清肺利水。

任务 2　胸膜肺炎放线杆菌病

胸膜肺炎放线杆菌是猪的细菌性肺炎中最重要的一种病原菌，在世界范围内都有分布。胸膜肺炎放线杆菌不同菌株的毒力显著不同，一些菌株引起高死亡率，另一些无致病力，也有一些是中等毒力。许多畜禽能同时感染不同菌株，这些菌株存在于扁桃体、鼻腔和慢性肺炎损伤部位，畜禽能持续携带高毒力菌株而不发病，管理方式的改变或其他明显的应激是引起该病突发的主要原因。

一、病原

胸膜肺炎放线杆菌（*Actinobacillus pleuropneumoniae*，APP）曾被命名为副溶血嗜血杆菌（*Haemophilus parahaemoelyticus*）、胸膜肺炎嗜血杆菌（*Haemophilus pleuropneumoniae*）。后来因该菌在形态、生化特性及 DNA 同源性方面与李氏放线杆菌（*Actinobacillus Lignieresii*）关系密切，于 1983 年被归入放线杆菌属，正式命名为胸膜肺炎放线杆菌。

APP 为革兰氏阴性小杆菌，有荚膜或不完全荚膜，具有典型球杆菌的形态。根据是否需要烟酰胺腺嘌呤二核苷酸（NAD）将 APP 分为以下几类：生物Ⅰ型（依赖烟酰胺腺嘌呤二核苷酸）和生物Ⅱ型（不依赖烟酰胺腺嘌呤二核苷酸）。生物Ⅰ型在血平板上不生长，除非在平板中含有 NAD 的培养基中，或者在培养基中通过葡萄球菌保姆菌划线培养提供 NAD，在葡萄球菌周围形成菌落呈"卫星"状，培养 24 h 后形成 0.5~1 mm 的菌落，尤其利用绵阳红细胞时出现 β 溶血现象。

生物 I 型有 13 个血清型（1~12，15），生物 II 型有 2 个血型（13，14），一共有 15 个血清型。血清型特异性是根据 APP 的可溶性荚膜多糖（CPS）和脂多糖（LPS）决定的。不同国家不同地区的血清型分布不同，而且，某一个血清型菌株在一个地区具有典型的高毒力，但是相同的血清学菌株在另一个地区就会呈现典型的低毒力。因此，对引进猪进行 APP 检测是非常必要的，主要检测引入地的重要毒力血清型。

二、流行病学

APP 仅感染猪，主要的病原携带者是家猪和野猪，APP 仅通过猪的呼吸道感染。也有报道，在地方性传染的畜群中，感染的母猪可以通过垂直传播把该病传染给后代，在断奶后母源抗体下降后开始出现横向传播。在一些地区，一种或几种优势血清型是致命的且引起大规模暴发，如北美流行血清型 1，大多数欧洲国家流行血清型 2，澳大利亚流行血清型 15。最近几年，在许多欧洲国家，APP 临床病理增加，这可能由于新的福利制度要求较大的断奶年龄，APP 是猪群中已知的且较早断奶明显降低了断奶猪携带病原的危险。

三、临床症状

由于动物的年龄、免疫情况、环境条件与传染源接触的程度不同，动物发病的临床症状也有所不同，临床上分为最急性、急性和慢性三个类型。

最急性型：有一头或多头断奶仔猪突然出现虚弱，体温升高至 41.5 ℃，精神沉郁，食欲废绝，有短期的腹泻和呕吐。后期出现严重的呼吸困难，张口呼吸，呈犬坐姿势。临死前从口、鼻中流出大量带血色的泡沫液体，死亡发生在 24~36 h 内，偶尔有的猪突然死亡而无先兆症状，初生猪则为败血症致死。

急性型：多数猪被感染，表现体温升高（40.5~41 ℃），皮肤发红、精神沉郁，拒绝采食，有呼吸困难、咳嗽、张口呼吸等严重呼吸症状。

慢性型：发生在急性症状消失之后。不发热，有程度不等的间歇性咳嗽，食欲不振，增重减少。首次暴发本病时，孕猪可能发生流产。

四、大体病理变化

主要在肺出现病理性损伤，单侧或双侧肺出现肺炎病变，呈弥散性或多病灶性，感染的肺界限明显，经常波及心叶、顶叶和部分隔叶。

最急性型：气管和支气管充满泡沫，同时见有浅色混有血黏液性分泌物。在后期，肺炎的区域变成暗红紫色且变硬，切面较脆，且有弥漫性出血和坏死。

急性型：纤维素性胸膜炎非常明显。但在心外膜和心包膜上很少见纤维蛋白。

慢性型：出现纤维素性胸膜炎且发生纤维变性，牢固地黏附于内脏和胸膜壁上。

五、诊断

根据病理剖检特点纤维素性胸膜炎和临床症状可以做出初步诊断。确诊需要送检鼻、支气管分泌物和肺部病变部位，做细菌分离培养和菌株类型的鉴定进行诊断，也可采取病猪血清学实验进行鉴定。

六、预防和控制

1.药物防治

在疾病感染的最初阶段抗生素疗法是非常有效的，通常情况下，APP对氨苄青霉素、头孢菌素、氯霉素、氨苯磺胺和磺胺甲基异恶唑敏感。低浓度的庆大霉素就可以对其产生抑制，尽管APP对β内酰胺类抗生毒的敏感性很高，但有数据表明有相当的细菌会对这些抗生素产生抗性，用青霉素对APP的临床感染治疗效果不一致。近几年APP对四环素类和甲氨苄氨嘧啶磺酰胺的抗性似乎有所增加。也有报道APP对泰妙菌素、恩诺沙星和替米考星具有相对高的敏感性。

2.生物安全措施

没有APP的畜群，应严格执行生物安全措施以预防该病的发生。对畜群而言最大的危险是引进潜在的感染猪，通常是种畜。

3.疫苗预防

灭活苗和亚单位毒素疫苗。

任务3　猪支原体肺炎（气喘病）

猪支原体肺炎（Mycoplasma hyopneumoniae of swine）遍布世界各地，已经

受到养猪业的关注，也称地方性肺炎。其通过抑制先天性和后天性肺脏免疫导致多杀性巴氏杆菌、猪链球菌、副猪嗜血杆菌、胸膜肺炎放线杆菌等上呼吸道共生菌在肺脏增殖并促使疾病发生，此外，当与引起猪呼吸道疾病综合征的部分病毒性病原体结合时，猪肺炎支原体也能导致由特定病毒性病原体包括PRRSV和PCV2感染所引起疾病的发生。同样，一些病毒感染性疾病也可能是猪肺炎支原体所引起。尽管猪肺炎支原体并非是引起肺脏疾病的唯一原因，但是猪肺炎支原体作为其他能引起肺脏疾病病原体的增强子而著称，因此，成为造成经济损失的一个主要原因。

一、病原

病原体为猪肺炎支原体（*Mycoplasma hyopneumoniae* 或 *M. suipneumoniae*），属支原体科（*Mycoplasmataceae*）支原体属（*Mycoplasma*）成员。因无细胞壁，故是多形态微生物，有环状、球状、点状、杆状和两极状等。本菌不易着色，可用姬姆萨或瑞特氏染色。

猪肺炎支原体的培养和分离较为缓慢和复杂，它能在专门的培养基上生长，然而，其培养和鉴别非常繁琐、费时，而且通常情况下不易获得成功。猪肺炎支原体生长较为缓慢，在接种至培养基 3~30 d 后产生浑浊且培养基颜色变黄。将其接种于固体琼脂培养基中并置于 5%~10% 二氧化碳气体条件下进行孵育，在孵育 2~3 d 后几乎见不到菌落出现。

猪肺炎支原体对自然环境抵抗力不强，圈舍、用具上的支原体，一般在 2~3 d 失活，病料悬液中支原体在 15~20 ℃放置 36 h，即丧失致病力。常用的化学消毒剂均能达到消毒目的。

二、流行病学

猪是本病的自然宿主，各种品种、年龄、性别的猪均可感染。病猪和带菌猪是本病的传染源。猪肺炎支原体是通过带菌猪鼻对鼻的直接接触进行传播，在大多数猪群中，猪肺炎支原体感染的维持是通过母猪与仔猪的鼻对鼻传播。一旦一些哺乳仔猪发生感染，将会传染给同窝仔猪，而且同圈猪也可发生感染。母猪散播猪肺炎支原体至鼻腔分泌物中的比例随着产胎次增加而降低。采取早期断奶策略，即在仔猪 7~10 日龄断奶并将其移至隔离圈，这能显著降低疾病的发生，但并不能完全清除来自母猪的垂直传播。

本病一年四季均可发生，但在寒冷、多雨、潮湿或气候骤变时较为多见。饲养管理和卫生条件是影响本病发病率和死亡率的重要因素，尤以饲料的质量，猪舍潮湿和拥挤、通风不良等影响较大。

三、临床症状

猪支原体肺炎发生有两种形式，分别是流行性和地方性。流行性疾病不常见，而当病原体被引进到免疫学阴性的易感畜群时能够发生。所有年龄的动物均易感，而且疾病传播较为迅速，发病率可达100%，临床上见有咳嗽、急性呼吸窘迫、发热和死亡。在2~5个月流行性感染可转变为地方性模式。

地方性支原体病是临床上最常见的形式。可首次在哺育和育肥猪中观察到，感染猪表现为干咳，由于继发性病原体感染，病猪出现严重的临床症状，包括发热、呼吸困难或衰竭等。

四、大体病理变化

眼观病变只见于肺、肺门淋巴结和纵隔淋巴结。急性死亡见肺有不同程度的水肿和气肿。在心叶、尖叶、中间叶及部分病例的膈叶出现融合性支气管肺炎，以心叶最为显著，尖叶和中间叶次之，然后波及膈叶。病变部的颜色多为淡红色或灰红色，半透明状，病变部界限明显，像鲜嫩的肌肉样，俗称"肉变"。随着病程延长或病情加重，病变部颜色转为浅红色、灰白色或灰红色，半透明状态的程度减轻，俗称胰变或虾肉样变。肺门和膈淋巴结显著肿大，有时边缘轻度充血。继发感染细菌时，引起肺和胸膜的纤维素性、化脓性和坏死性病变，还可见其他脏器的病变。

五、诊断

根据畜群典型的流行病学特点和干咳临床症状可以做出初步诊断。在鉴别诊断过程中应排除其他病原体引起的咳嗽，尤其是流感病毒。实验室诊断主要依靠荧光抗体（FA）和免疫组织化学方法（IHC）对肺脏组织中的猪肺炎支原体进行检测，这两种方法具有快速、成本低等优点，应用于兽医实验室诊断。

六、预防和控制

抗生素的使用能够有助于控制猪肺炎支原体，但是可能既不能清除呼吸道的猪肺炎支原体，也不能治愈出现的病变。猪肺炎支原体体外敏感的抗生素包括喹诺酮类、泰乐菌素、替米考星、土霉素等。抗生素作为支原体的一个治疗方法最好是应用于猪的各种应激时期，包括断奶和混合饲养等。了解呼吸道内存在的其他病原体对于该病的成功治疗及确定治疗的最佳时机非常关键，在病原体出现之前或早期采取给药策略有助于成功控制支原体的发生。

提供最佳的生活环境，保护良好的空气质量、通风、室内温度及饲养密度。

全进全出、断奶早期进行给药和隔离以及分阶段推进对与猪肺炎支原体感染有关的呼吸道疾病的控制等管理措施。

疫苗免疫

国产：猪喘气病 168 无细胞培养弱毒苗 7 日、15 日龄胸腔注射和滴鼻，保护率 78%~85%。

进口：灭活苗仔猪肌内注射，7 日龄和 21 日龄时各做一次免疫。

此外，有效抗生素与疫苗的联合应用已被证实作为一种有效的方法能降低与猪肺炎支原体感染相关的临床疾病。

任务 4　猪传染性萎缩性鼻炎

猪传染性萎缩性鼻炎（Swine infectious atrophic rhinitis，AR）首次报道于德国，并在一些地方广泛流行，临床上以鼻甲骨发育不全或缺失为特征，猪传染性萎缩性鼻炎是一种严重且不可逆的病变，它是由能够产生毒素的多杀性巴氏杆菌引起或与支气管败血波氏杆菌共同引起的疾病。

一、病原

支气管败血波氏杆菌（*Bordetella bronchiseptica*，Bb）和产毒素多杀性巴氏杆菌毒素源性菌株（*Toxigenic Pasteurella Multocida*，T⁺Pm）是原发性感染因子。Bb 为革兰氏阴性球杆菌，呈两极染色，需氧、能运动、不产生芽孢，有的有荚膜，有周鞭毛。该菌生产缓慢，但在血琼脂和麦康凯琼脂等其他非选择性培养基上很容易生长，在 37 ℃ 培养 36~48 h 可形成隆起的表面粗糙的菌落，血琼脂上通常溶血。

二、流行病学

Bb 主要通过飞沫传播，Bb 具有高度的传染性、传播迅速，发病率高，但死亡率低。各种日龄的猪对 Bb 都易感，Bb 能够在猪鼻腔中存活几个月，通过引种可以把带菌猪引进，在猪群中迅速传播，尤其在免疫力低下的猪群中传播更快。仔猪可以通过被动感染的母猪或者疫苗免疫母猪的初乳中获得抗体，保护鼻甲骨和肺脏免受损伤，但不能抵抗感染。而且母猪接种疫苗也只能保护仔猪几周内不受感染。

Bb 具有高度的传染性、传播迅速。

三、临床症状

感染 Bb 初期会出现鼻炎和支气管炎的典型症状，包括打喷嚏、流鼻涕、流眼泪及反复性的干咳等。当 Bb 与产生毒素的多杀性巴氏杆菌混合感染时，引起更严重的呼吸道症状，包括流鼻血、短颌或鼻子歪斜。

四、大体病理变化

病变一般局限于鼻腔和邻近组织，最特征的病变是鼻腔的软骨和鼻甲骨的软化和萎缩，特别是下鼻甲骨的下卷曲最为常见，间有萎缩限于筛骨和上鼻甲骨的，有的萎缩严重，甚至鼻甲骨消失，而只留下小块黏膜皱褶附在鼻腔的外侧壁上。鼻腔常有大量的黏脓性甚至干酪性渗出物，随病程长短和继发性感染的性质而异。急性时（早期）渗出物含有脱落的上皮碎屑。慢性时（后期）鼻黏膜一般苍白，轻度水肿，窦黏膜中度充血，有时窦内充满黏液性分泌物。

五、诊断

依据频繁打喷嚏、吸气困难，鼻黏膜发炎、生长停滞和鼻面部变形易作出现场诊断。确诊需要送检鼻腔深部的分泌物，做细菌分离培养。

六、预防和控制

（1）疫苗免疫　波巴二联苗。
（2）药物防治　Bb 主要对金霉素、土霉素和恩若沙星敏感。

任务 5　巴氏杆菌病

肺炎型巴氏杆菌病是由多杀性巴氏杆菌感染肺脏引起，通常是地方性肺炎或猪呼吸道疾病综合征的最后阶段，该综合征是猪群中流行最为广泛且花费较大的疾病之一。尤其是饲养在密闭环境下的猪。多杀性巴氏杆菌极少引起猪的原发性肺炎，但是可以作为一个条件致病菌而继发于原发性因素的细菌病和病毒病。

一、病原

多杀性巴氏杆菌（*Pasteurella multocida*）是两端钝圆，中央微凸的短杆菌，革兰氏染色阴性，病料组织或体液涂片用瑞氏、姬姆萨氏法或美蓝染色镜检，见菌体多呈卵圆形，两端着色深，中央部分着色较浅，很像并列的两个球菌，所以又叫两极杆菌。用培养物所作的涂片，两极着色则不那么明显。用印度墨汁等染料染色时，可看到清晰的荚膜。该菌为兼性厌氧，在 37 ℃条件下能在大多数增菌培养基中生长。在血琼脂平板上，形成浅灰色、非溶血性菌落。

多杀性巴氏杆菌荚膜血清型被公认为分为 A、B、D、E、F 五个血清型，其中大多数猪源分离株为 A 型和 D 型，A 型通常分离自患有肺炎的肺脏，而大多数分离株为 D 型。猪急性败血性巴氏杆菌病中最为流行的为 B 型，但是也有关于 A 型和 D 型的报道。一种依据菌体脂多糖（LPS）抗原，将本菌分为 16 个血清型，命名为 1~16。

二、流行病学

一般认为本菌是一种条件性病原菌，当猪处在不良的外界环境中，如寒冷、闷热、气候剧变、潮湿、拥挤、通风不良、营养缺乏、疲劳、长途运输等，致使猪的抵抗力下降，这时病原菌大量增殖并引起发病。多杀性巴氏杆菌极少引起猪的原发性肺炎，但是可以作为一个条件致病菌而继发于原发性因素的细菌病和病毒病。主要经呼吸道和消化道感染，最常发生于育肥猪。

三、临床症状

巴氏杆菌病又称猪肺疫。潜伏期 1~5 d，临诊上一般分为最急性、急性和慢性。

最急性型：俗称"锁喉风"，突然发病，迅速死亡。病程稍长、病状明显的可表现体温升高（41~42 ℃），食欲废绝，全身衰弱，呼吸困难，心跳加快。颈下咽喉部发热、红肿、坚硬，严重者向上延及耳根，向后可达胸前。病猪呼吸极度困难，常作犬坐姿势，伸长头颈呼吸，有时发出喘鸣声，口鼻流出泡沫，可视黏膜发绀，腹侧、耳根和四肢内侧皮肤出现红斑，一经出现呼吸症状，即迅速恶化，很快死亡。病程 1~2 d。病死率 100%，未见自然康复的。

急性型：是本病主要和常见的病型。除具有败血症的一般症状外，还表现急性胸膜肺炎。体温升高（40~41 ℃），初发生痉挛性干咳，呼吸困难，鼻流黏稠液。后变为湿咳，咳时感痛，触诊胸部有剧烈的疼痛。病势发展后，呼吸更感困难，张口吐舌，作犬坐姿势，可视黏膜蓝紫，常有黏脓性结膜炎。初便秘，后腹泻。末期心脏衰弱，心跳加快，皮肤淤血和小出血点。病猪消瘦无力，卧地不起，多因窒息而死。病程 5~8 d，不死的转为慢性。

慢性型：主要表现为慢性肺炎和慢性胃炎症状。常有泻痢，进行性营养不良，极度消瘦，如不及时治疗，多经过 2 周以上衰竭而死，病死率 60%~70%。

四、大体病理变化

最急性病例主要为全身黏膜、浆膜和皮下组织大量出血点，尤以咽喉部及其周围结缔组织的出血性浆液浸润最为特征。切开颈部皮肤时，可见大量胶冻样淡黄或灰青色纤维素性浆液。水肿可自颈部蔓延至前肢。全身淋巴结出血，切面红色。心外膜和心包膜有小出血点。肺急性水肿。脾有出血，但不肿大。胃肠黏膜有出血性炎症变化。皮肤有红斑。

急性型病例除了全身黏膜、浆膜、实质器官和淋巴结和出血性病变外，特征性的病变是纤维素性肺炎。肺有不同程度的肝变区，周围常伴有水肿和气肿，病程长的肝变区内还有坏死灶，肺小叶间浆液浸润，切面呈大理石纹理。胸膜常有纤维素性附着物，严重的胸膜与病肺粘连。胸腔及心包积液。胸腔淋巴结肿胀，切面发红、多汁。支气管、气管内含有多量泡沫状黏液，黏膜发炎。

慢性型病例，尸体极度消瘦、贫血。肺肝变区扩大，并有黄色或灰色坏死灶，外面有结缔组织包囊，内含干酪样物质，有的形成空洞，与支气管相通。心包与胸腔积液，胸腔有纤维素性沉着，肋膜肥厚，常与病肺粘连。有时在肋间肌、支气管周围淋巴结、纵隔淋巴结以及扁桃体、关节和皮下组织见有坏死灶。

五、诊断

本病的最急性型病例常突然死亡，而慢性病例的症状、病变都不典型，并常与其他疾病混合感染，单靠流行病学、临床症状、病理变化诊断难以确诊。

实验室检查，最佳的组织样本包括支气管渗出液拭子以及病健交界部位的感染的肺组织，进行细菌分离培养。取静脉血（生前），心血各种渗出液和各实质脏器涂片染色镜检。另外，猪肺疫可以单独发生，也可以与猪瘟或其他混合感染，采取病料做动物试验，培养分离病原进行确诊。

六、预防和控制

因肺炎巴氏杆菌病通常出现在地方性肺炎或猪呼吸道疾病综合征的最后阶段，表现为多种微生物共同感染，因此通过疫苗接种、药物治疗或管理实践等控制原发性病原，例如，猪肺炎支原体、支气管败血波氏杆菌或 PRRSV 可能是控制该病发生的最为有效的方法。

管理状况的改变能够降低有关病原的传播，这在降低肺炎的发生率上具有重要作用，这些管理方式包括尽早隔离断奶仔猪、全进全出生产、限制外来猪的引进并确定其购买猪场的健康状况、最小可能的进行混合和分圈、减少建筑和围栏的容量以及降低动物的饲养密度。

疫苗预防：猪肺疫氢氧化铝甲醛菌苗或猪肺疫口服弱毒菌苗，也可选用猪丹毒、猪肺疫氢氧化铝二联苗，猪瘟、猪丹毒、猪肺疫弱毒三联苗。

抗生素预防及治疗。本菌极易产生抗药性，因此有条件的应做药敏试验，选择敏感药物治疗。

任务6 猪大肠杆菌病

在世界各地，大肠杆菌是猪群中很多疾病，包括新生仔猪腹泻、断奶仔猪腹泻、水肿病、败血症、多发性浆膜炎、大肠杆菌性乳房炎和尿路感染的一个重要原因。特别是由于发病率、死亡率和体重降低的增加，以及治疗、疫苗和饲料添加剂成本的增加，大肠杆菌引起的新生仔猪腹泻、断奶仔猪腹泻可能导致显著的经济损失。

一、病原

大肠杆菌属于肠杆菌科，需氧或兼性厌氧的革兰氏阴性杆菌。能运动，周身鞭毛。大肠杆菌属包括胃肠道的部分正常杆菌和引起猪肠道内外疾病的病原菌。多种选择性培养基可以培养大肠杆菌，在固体培养基上 1 d 即可长成较大的菌落，菌落表面光滑或粗糙。能产生 F4（K88）或 F18 黏附性的肠毒素大肠杆菌（ETEC）、水肿病大肠杆菌（EDEC）分离株和某些产生 F6（987P）分离株在血琼脂上都具有溶血性。

已知大肠杆菌有菌体（O）抗原 175 种，表面（K）抗原 80 种，鞭毛（H）抗原 56 种及 F 抗原 20 多种，因而构成许多血清型。

二、流行病学

致病性大肠杆菌是通过气溶胶、饲料、车辆、猪和其他可能动物进行传播，由 ETEC、EDEC 和 EPEC 引起的肠道感染具有传染性。同一菌株通常在许多病猪中发病，也常常在连续批次的猪中发现。相反，由肠外致病性大肠杆菌（*Extraintestinal pathogenic Escherichia coli*，Ex-PEC）和大肠杆菌引起的大肠杆菌性乳房炎和尿路感染不具有传染性。在饲养商品猪所有国家都会发生腹泻（新生仔猪 ETEC、断奶仔猪 ETEC 和 EPEC）、EDEC 引起的水肿病、Ex-PEC、大肠杆菌性乳房炎和尿路感染等系统感染。

三、疾病类型

（一）新生仔猪大肠杆菌性腹泻

1. 临床症状

新生仔猪大肠杆菌性腹泻是由 ETEC 起的一起急性、高度致死性疾病。可在仔猪出生后 2~3 h 发生，多发生在 0~4 日龄仔猪，可影响单个猪或整窝猪。初产母猪所产仔猪比经产母猪所产仔猪更易感。感染猪群发病率不一（30%~80%）。腹泻症状可能非常轻，无脱水表现或腹泻物呈水样。在较严重流行时，少量病猪可能呕吐、体重下降并伴有脱水。

2. 大体病理变化

肠道大肠杆菌感染很少有特异病变，大体病变包括脱水、胃扩张（可能含有未消化的凝乳块）、胃大弯静脉梗死、局部小肠壁充血，小肠扩张。

3. 诊断

新生仔猪 ETEC 感染应与引起同龄仔猪腹泻的其他感染区别。如 A 型和 C 型魏氏梭菌、TGEV、PoR、PEDV、球虫等感染。

对大肠杆菌感染的诊断要基于临床症状、组织病理学变化及在小肠黏膜上检出大肠杆菌菌体。通常通过组织病理学福尔马林固定、石蜡包埋组织看到定制现象，或通过免疫组化或冰冻切片的间接免疫荧光法可以直接检测到大肠杆菌菌体。

4. 预防和控制

对于新生仔猪，通过口服和注射途径使用抗生素。通常使用的抗生素包括氨苄青霉素、阿博拉霉素、新霉素、奇霉素和增强磺胺类制剂。但最好通过分离大肠杆菌进行药敏实验。口服含有葡萄糖的电解质对脱水和酸中毒有效。具有抑制肠毒素分泌的药物，如氯丙嗪和硫酸黄连素可能对治疗腹泻有作用，尽管这些药物多有副作用。

肠道大肠杆菌的预防在于通过良好的卫生管理、保持适宜的环境条件，出生时提供足够量的初乳和高水平的免疫力，以减少环境中大肠杆菌的数量。

另母源性免疫是控制新生仔猪 ETEC 腹泻最有效的手段，一般在产子前一个月左右使用疫苗。

（二）断奶后仔猪大肠杆菌性腹泻

断奶后仔猪大肠杆菌性腹泻和水肿病可能独立发生，也可能在一次暴发中或在同一头猪中同时出现。在许多农场断奶后仔猪大肠杆菌性腹泻呈地方流行性，它的流行随时间波动。

1.临床症状

断奶后仔猪大肠杆菌性腹泻最常由 ETEC 引起，由肠毒素介导。也可能由 EPEC 引起，而 EPEC 不具备任何传统断奶后仔猪大肠杆菌性腹泻和水肿病菌株所拥有的毒力因子。仔猪哺乳后期到断奶期发生腹泻，与新生仔猪类似，但往往不太严重，腹泻物呈黄色或灰色，可持续一周，引起脱水和消瘦。断奶后 3 周，或者甚至在断奶后 6~8 周进入育肥栏时腹泻仍发生。

2.大体病理变化

死于大肠杆菌性断奶后仔猪大肠杆菌性腹泻的猪一般大体状况良好，但是严重脱水、眼睛下陷和一定程度的发绀，胃里常充满干燥的食物，胃底黏膜可见不同程度的充血。小肠扩张充血、轻度水肿，内容物水样或黏液样有异味。肠系膜高度充血，大肠内容物黄绿色，黏液样或水样。急性死亡猪胃底有溃疡。

3.诊断

断奶早期或晚期出现腹泻、极度脱水、内容物水样或黏液样有异味等特征在临床具有诊断意义。注意与 PoRV、传染性胃肠炎病毒、沙门氏菌和仔猪增生性肠炎相区别。

4.预防和控制

（1）治疗　断奶仔猪大肠杆菌性腹泻应使用抗生素和电解质治疗。同时也必须通过给母猪用药的方式通过乳汁来对仔猪进行治疗。为了预防脱水和酸中毒，可通过饮水或腹腔注射进行补液。

（2）预防

① 仔猪房应按照全进全出管理，使用前彻底清洁和消毒，减少环境中的

病原体。尽量减少环境和其他形式的应激。

② 免疫：用来预防仔猪腹泻的疫苗不能阻止断奶后仔猪大肠杆菌性腹泻和水肿病大肠杆菌的发生。目前，接种各种不同的志贺毒素 2e（Shiga toxin 2e，Stx2e）制品对水肿病能提供最好的预防效果。

③ 抗生素预防：在饲料中加入药物的方法在许多国家被采用。尽管这种方法有缺陷（消费者不接受、损害免疫力的建立、抗性细菌的筛选）。

④ 营养性预防：限制饲料摄入量、高纤维日粮或自由采食粗纤维可有效减少水肿病和断奶后腹泻的发生。

⑤ 益生素能够选择性的促进胃肠道中潜在的益生菌的增殖，可减少 ETEC 的排泄和断奶仔猪腹泻的发生。

（三）水肿病

1. 临床症状

水肿病是由特定大肠杆菌 EDEC 引起，这种大肠杆菌主要定植在小肠，产生 Stx2e 毒素能被吸收进入血液循环，引起靶组织的血管损伤；另外 EDEC 菌株还可以由通过肠道进入肠系膜淋巴结，产生 Stx2e 毒素，成为毒素进入血液的另外一种吸收机制。

虽然水肿病在育肥猪前可能发生，但多发生于断奶仔猪，体况健壮、生长快仔猪最为常见，可能散发，也可能感染整个猪群。最先出现无任何症状的突然死亡。感染猪眼睑和前额肿胀、发呻吟声或作嘶哑的叫鸣，出现共济失调和呼吸窘迫，很快倒地死亡。

发生亚临床水肿病的猪，临床表现正常，但出现血管病变，生长速度降低。

2. 大体病理变化

死于水肿病的猪大部分营养状况良好，水肿部位不定，有些猪并无水肿症状，病死猪可能会出现皮下水肿，且常发生于眼睑及面部。胃喷门黏膜下层和偶尔发生于基底部的胶状水肿具有特征性。结肠系膜水肿常见，有时可见小肠系膜和胆囊水肿。除了显著水肿外，胃的贲门区、小肠下段和大肠上段黏膜下层出现广泛的出血。一般胃内充满干燥、新鲜的食物，而小肠相对空虚。

3. 诊断

断奶后 1~2 周生长旺盛的仔猪突然出现神经症状（共济失调和步态蹒跚）、眼睑和面部水肿。剖检时胃黏膜和肠系膜水肿。

4.预防和控制

（1）治疗

① 防止大肠杆菌进入小肠是主要手段。

a.实施早期断奶技术，促进胃肠功能锻炼。

b.少饮多餐，一利消化，二防水肿。

c.提高饲料的消化性。

d.促进胃肠消化蠕动能力。

e.增强抗应激锻炼。

f.注重环境卫生监控。

② 纠正血循障碍所致水肿、缺氧、酸中毒。

a.强心、利尿消水肿。

b.净化肠道，减少毒素的产生。

c.调整机体功能状态，纠正酸中毒等。

d.调整胃肠功能状态。

e.使用细胞保护剂，改善器官的功能障碍。

f.合理使用抗生素。

（2）预防　同断奶仔猪大肠杆菌性腹泻

任务7　猪沙门氏菌病

猪沙门氏菌的感染备受关注，原因有二，一是其引起猪的临床疾病；二是猪可受到多种血清型沙门氏菌的感染，从而成为许多猪肉产品的感染源，威胁人类健康。

一、病原

沙门氏菌属（*Salmonella*）是一大属血清学相关的革兰氏阴性杆菌。据新近的分类研究，本属细菌包括肠道沙门氏菌（*Salmonella enterica*），又称猪霍乱沙门氏菌，（*Salmonella choleraesuis*）和邦戈尔沙门氏菌（*Salmonella bongori*）两个种，前者又分为6个亚种，即肠道沙门氏菌肠道亚种（*S. enterica subsp enterica*），又称猪霍乱沙门氏菌猪霍乱亚种（*Subsp. Choleraesuis*），肠道沙门氏菌萨拉姆亚种（*S. enterica subsp. salamae*），肠道沙门氏菌亚利桑那亚种（*S. enterica subsp. arizonae*），肠道沙门氏菌双相亚利桑那亚种（*S. enterica subsp.*

diarizonae），肠道沙门氏菌浩敦亚种（*S. enterica subsp. houtenae*），肠道沙门氏菌因迪卡亚种（*S. enterica subsp. indica*）。

沙门氏菌属依据不同的 O（菌体）抗原、Vi（荚膜）抗原和 H（鞭毛）抗原分为许多血清型。迄今，沙门氏菌有 A~Z 和 O_{51}~O_{67} 共 42 个 O 群，58 种 O 抗原，63 种 H 抗原，已有 2500 种以上的血清型，除了不到 10 个罕见的血清型属于邦戈尔沙门氏菌外，其余血清型都属于肠道沙门氏菌。沙门氏菌的血清型虽然很多，但常见的危害人畜的非宿主适应血清型只有 20 多种，加上宿主适应血清型，也不过仅 30 余种。

临床上，猪沙门氏菌病几乎均有猪霍乱沙门氏菌变种孔成道夫血清型及鼠伤寒沙门氏菌引起的。前者引起产生败血症、导致多种器官病变。在北美的发病猪中，鼠伤寒沙门氏菌是最为常见的血清型，由于小肠结肠炎常导致腹泻。

二、流行病学

大多数沙门氏菌病暴发于断奶的幼崽仔猪群，尽管在成年猪及未断奶的仔猪中沙门氏菌病并不多见，但感染率却很高，哺乳仔猪沙门氏菌病并不多见，可能是由于其通过母源抗体获得免疫。猪群沙门氏菌的潜在传染源数不胜数，但感染的排菌猪和污染了的环境是猪霍乱沙门氏菌造成的新感染的主要来源。垂直传播与水平传播共存，粪便经口传播是沙门氏菌强毒株最可能的传播方式。

本病一年四季均可发生，但在多雨潮湿季节发病较多。

三、临床症状

（一）猪霍乱沙门氏菌

常发生于 5 月龄以内断奶仔猪中，但也常见于出栏猪、哺乳仔猪或育肥猪。最初为全身性败血症，后期症状局限于一个或多个器官。病猪食欲不振，嗜睡，体温升高（40.5~42℃），可能伴有咳嗽及轻微呼吸困难，耳根、胸前和腹下皮肤有紫红色斑点。在发病后 3~4 d 出现水样、黄色粪便。

（二）鼠伤寒沙门氏菌

最初的临床症状表现为黄色水样下痢，粪便中不带血和黏液。几天内疾病快速传播给同一猪舍内的大多数猪。

四、大体病理变化

（一）猪霍乱沙门氏菌

死于急性败血症的猪大体病变为耳根、胸前和腹下皮肤发绀，淋巴结尤其是肝胃淋巴结及肠系膜淋巴结肿大、多汁、淤血。脾常肿大，色暗带蓝，坚度似橡皮，切面蓝红色，脾髓质不软化；肝轻微肿大，肝实质可见坏死灶，胆囊壁变厚，水肿。肾也有不同程度的肿大，肾皮质淤血。急性间质性肺炎常表现为肺湿润，弥漫性充血。胃黏膜显著充血。此外，存活几天的猪，可见耳尖梗死的皮肤干燥、呈深紫色，有时局部脱落。胃基底黏膜梗死，呈暗紫色。小肠结肠炎与鼠伤寒沙门氏菌病变相同。

（二）鼠伤寒沙门氏菌

主要病变是小肠结肠炎，常见于回肠、盲肠及结肠，病变的肠壁增厚水肿，黏膜呈红色、粗糙不平的颗粒样外观，并可见弥散性或融合性的糜烂和溃疡灶。病灶表面覆盖纤维素性坏死性碎片。慢性病例中可见明显的纽扣状溃疡灶，肠系膜淋巴结，特别是回盲肠系淋巴结肿大、湿润。盲肠和结肠内容物中含有黑色的沙粒样物质。

五、诊断

临床症状和病理变化可用于初步诊断。要注意与其他败血性疾病及腹泻性疾病相区别。确诊采用细菌分离培养，在疑似猪沙门氏菌的腹泻病例中，回肠和回盲肠淋巴结的混合样本应足以诊断出正在发病的或新近康复的病例。另血清学方法也得到越来越多的应用，最常用的诊断方法为 ELISA。

六、预防和控制

（1）预防　目前猪沙门氏菌病的预防比较困难，感染并不一定发病，猪只有首次接触细菌长时间后由于严重应激才会发病。控制疾病的发生依赖于尽可能地减少猪接触病菌的机会，最大限度的增强猪的抵抗力。带菌猪及污染的饲料和环境是最重要的传染源，另不同来源的断奶猪混群运输增加了感染的机会。

（2）控制　不管是败血症还是肠炎沙门氏菌，对其暴发治疗的宗旨是最低限度地降低临床疾病的严重程度，防止细菌感染及疾病传播，并组织其在猪群中复发。主要治疗方法是可选用经药敏试验有效的抗生素，其次是日常管理，如移除并隔离病猪、严格消毒猪栏、最大限度地降低接触传染源的机会，经常清洗水槽，严格控制猪及工作人员从潜在的污染区进入清洁地带。改善饲养管理及环境卫生，减少应激等。

任务 8　猪增生性肠炎

20 世 30 年代，猪增生性肠炎（*porcine proliferative enteropathy*，PPE）引起的病变首先报道于美国艾奥瓦州，后发现该病在世界各地主要养猪地区都有发生，猪增生性肠炎引起的经济损失包括对屠宰体重、饲料转化率、空间利用率、饲养方式及发病率和死亡率等方面带来的影响，根据不同品种猪的价格，猪舍空间的大小和饲料的差异，据估计，每头猪的经济损失在 1~5 美元。

一、病原

胞内劳森氏菌（*Lawsonia intracellularis*，LI），此种菌最容易在肠上皮细胞的细胞浆内生长，这种细菌的生长总是伴随着感染了的未成熟的腺窝上皮细胞的局部增生。该菌为革兰氏阴性弯曲或直的弧状杆菌。胞内劳森氏菌培养在37℃，低氧和加氢空气环境下在小鼠成纤维细胞系单层上共培养。

二、流行病学

该病分布于世界各地，养猪场感染有 3 种基本模型，这和养猪管理系统及抗生素使用情况密切相关。模型 1：仔猪感染通常发生在断奶后数周内，这可能与母源抗体消失有关。这种感染在接下来的数周内可能通过口—粪传播方式在断奶猪—育肥猪群和早期青年猪群间不断扩大感染。模型 2：断奶猪、育肥猪到成年猪的间歇性感染。这种感染通常是和在不同时期口服抗生素有关。模型 3：根据年龄分组将断奶猪群和育肥猪群在不同猪舍分开饲养的管理模式下，胞内劳森氏菌很少感染繁殖母猪，而且通常延迟到 12~20 周龄时生长期结束才发生感染。这种模型在美国尤为突出，在这些猪场可能给断奶—保育猪饲喂喹诺啉抗生素，以保证在早期不会感染。

三、临床症状

急性型：常发生于 4~12 月龄的青年猪，临床上表现急性出血性贫血，突然发病，出血性下痢，病程稍长时，粪便稀，焦黑色。怀孕动物感染后在出现症状的 6 d 内发生流产，一些残留下来的猪丧失繁殖能力，急性感染的母猪病例所产的仔猪不能获得对 PE 的保护。

慢性型：临床多见，表现为食欲减退或废绝，生长发育不良，病猪消瘦，出现间歇性下痢，粪便变软、稀而呈糊状或水样，颜色较深，有时混有血液或坏死组织碎片。有些猪贫血。此病一般 4~6 周康复。

四、病理变化

急性型：病猪病变常发生于回肠末端和结肠，肠壁增厚、肿胀并有一定程度的浆膜水肿，回肠和结肠腔内含有一个或多个血块。在直肠有血液和粪便混合成的黑色柏油样粪便

慢性型：最常病变部位在小肠末端 60cm 处及邻近结肠的上 1/3 处，严重扩展到空肠、盲肠和大肠的下端，增生程度的变化很大，病变部位可见到肠壁增厚，肠管直径增加，病变范围较小时，应仔细检查回肠末端的靠近回盲瓣10 cm 区域，因为此部位是最可能感染的部位。

五、诊断

临床诊断：猪增生性肠炎的临床病例具有不同的特征性表现。注意鉴别诊断，慢性病例与冠状病毒、PoRV、鼠伤寒沙门氏菌、PCV2、营养性腹泻相区别。急性猪增生性肠炎与胃溃疡、猪痢疾相区别。

实验室诊断：由于胞内劳森氏菌很难人工培养，所以通过胞内劳森氏菌特异性引物进行 PCR 基因扩增技术或采用特异性抗体结合粪便样品中的免疫学技术。

六、预防和控制

（1）药物　大环内酯类、阶段侧耳霉素及喹诺啉药物等均有效。
（2）免疫接种　口服弱毒活疫苗能够获得显著的免疫保护水平。

任务 9　猪痢疾（猪血痢）

猪痢疾（Swine dysentery）发生在 20 世纪 20 年代，呈全球性分布。发病率在不同的国家和地区不同并随时间变化。在欧盟、南美和东南亚的许多国

家，猪痢疾仍然是一个相对普遍且重要的地区性难题。

猪感染猪痢疾后会因死亡，生长缓慢、饲料转化率低及治疗费用产生严重的经济损失。在无猪痢疾猪群中实施预防措施以及猪痢疾传入种猪群所导致的猪群供应和转移中断也会造成费用增加。

一、病原

猪痢疾蛇形螺旋体（*Serpulina hyodysenteriae*），又称为猪痢疾短螺旋体（*Brachyspira hyodysenteriae*），属于蛇形螺旋体属（*Serpulina*）成员，存在于病猪的病变肠段黏膜、肠内容物及排出的粪便中。该菌呈多样性，存在有大量的遗传基因不同的菌株。对密短螺旋体分离株的分子水平分析显示其会在猪场出现新的变种，新出现的菌株表型特征可能已经发生变化，包括抗生素易感性、定植能力或毒力变化。

猪痢疾密短螺旋体有 4~6 个弯曲，两端尖锐，呈缓慢旋转的螺丝线状，革兰氏染色阴性。用含 5%~10% 脱纤血的胰蛋白酶大豆琼脂培养基，在 37~42 ℃条件下厌氧培养，3~5d 后呈偏平云雾状生长，菌落周围形成强 β 溶血。

猪痢疾短螺旋体对外界环境抵抗力较强，在粪便中 5 ℃存活 61 d，25 ℃存活 7 d，在土壤中 4℃能存活 102d，−80℃存活 10a 以上。对消毒药抵抗力不强，普通浓度的过氧乙酸、来苏儿和氢氧化钠均能迅速将其杀死。

二、流行病学

猪痢疾短螺旋体自然感染猪。偶尔感染某些鸟类。呈地方流行性的猪场，猪痢疾主要通过猪摄入带菌的粪便而传播。一般引入未经检疫或预防性治疗的无症状猪群通常会暴发新的猪痢疾，另污染的饲料或运畜车以及接触过感染猪的参观人员进入猪场也可导致疫情的暴发。

本病流行经过比较缓慢，持续时间较长，且可反复发病。本病往往先在一个猪舍开始发生几头，以后逐渐蔓延开来，每天都会出现新的感染动物。在较大的猪群流行时，常常拖延达几个月，直到出售时仍有猪只发病。症状潜伏期 3 d 至 2 个月以上。自然感染多为 1~2 周。

三、临床症状

猪痢疾主要发生于生长猪和育肥猪，动物通常在从保育舍移出后数周发病。猪痢疾最初表现为下痢，粪便黄色到灰色柔软或水样。病猪精神沉郁，体温升高，直肠温度 40~40.5℃，持续数小时或数天后粪便中出现大量黏液，并混有血液，随着病情的发展，出现水样腹泻，并混有血液、黏液及白色的纤维渗出物及坏死组织碎片。大部分猪在几周内康复，但生长速度降低，持续腹泻导致病猪脱水、虚弱消瘦。

四、大体病理变化

病变局限于大肠、大肠肠壁和肠系膜充血和水肿。肠系膜淋巴结肿大，腹腔产生少量清凉腹水。大肠黏膜肿胀，并覆盖黏液和带血块的纤维素。大肠内容物软至稀薄，并混有黏液、血液和组织碎片。当病情进一步发展时，黏膜表面坏死，形成假膜；有时黏膜上只有散在成片的薄而密集的纤维素。剥去假膜露出浅表糜烂面。

五、诊断

临床诊断：根据多发于中猪，其特征为大肠黏膜发生卡它性出血性炎症，有的发展为纤维素坏死性炎症，临床表现为黏液性或黏液出血性下痢。注意与其他肠道疾病相区别，如胞内劳氏菌引起的增生性肠炎（*porcine proliferative enteropathy*，PPE）、沙门氏菌、鞭虫病、胃溃疡及其他出血性疾病等。

实验室诊断：可以做出初步诊断。确诊需要送检新鲜粪便和大肠黏膜，直接涂片镜检。

六、预防和控制

1. 治疗

目前仅有几种可以有效治疗猪痢疾的抗生素，常用药物如截短侧耳素（泰妙菌素）、泰乐菌素、沃尼妙林等，截短侧耳素可能是治疗猪痢疾的最好药物。但 *B. Hyodysenteriae* 对截短侧耳素这类重要药物的耐药性威胁这养猪业。大多数情况下，首先给药方法是饮水给药，对患病严重的动物建议肌内注射。报道 *B.Hyodysenteriae* 多药物抗性的菌株不断增加。

2. 预防

① 引入新的猪群风险最大，所以猪群的可靠来源及其重要，对引入的猪至少隔离检疫 3 周并进行治疗以清除 *B. Hyodysenteriae*。

②实施猪痢疾根除计划。

③控制啮齿类动物、昆虫、鸟类、狗、猫等进入猪场。

任务 10　猪梭菌性肠炎（仔猪红痢）

猪梭菌性肠炎（Clostddial enteritis of piglets），又称仔猪传染性坏死性肠炎（infectious necrotic enteritis），俗称仔猪红痢，主要由 C 型产气荚膜梭菌和 C 型艰难肠梭菌引起。

一、病原

C 型产气荚膜梭菌（*Clostridium pefringens type* C），亦称魏氏梭菌（CJ. *welchii*）。革兰氏阳性，有荚膜不运动的厌氧大肠杆菌。根据产生毒素分为 A、B、C、D 和 E 5 个血清型，C 型菌株主要是 α、β 毒素，特别是 β 毒素，它可引起仔猪肠毒血症、坏死性肠炎。形成芽孢后，对外界抵抗力强，80 ℃ 15~30min，100 ℃ 则几分钟才能杀死。冻干保存至少 10 年其毒力和抗原性不发生变化。

二、流行病学

主要由 C 型产气荚膜梭菌是原发性病原，有时也可继发于其他疾病，如传染性胃肠炎等。

本病主要侵害 1~3 日龄仔猪，1 周龄以上仔猪很少发病。病死率一般为 20%~70%，有时可达 100%。本菌常存在于母猪肠道中，随粪便排出，污染哺乳母猪的奶头及垫料，当初生仔猪很短时间内吮吸母猪的奶或吞入污染物，细菌进入空肠繁殖，引起仔猪感染。

本菌在自然界分布很广，存在于人畜肠道、土壤、下水道和尘埃中，猪场一旦发生本病，不易清除，这给根除本病带来一定困难。

三、临床症状

按病的经过分为最急性型、急性型、亚急性型和慢性型。

最急性型：仔猪出生后，1d 内就可发病，症状多不明显，病猪虚弱，很快变为濒死状态，最终死亡。

急性型：较常见。病猪不断排出含有灰色组织碎片的红褐色液状稀粪，且日渐消瘦和虚弱，脱水。病程常维持 2 d，一般在第三天死亡。

亚急性型：一般发生非出血性腹泻，病猪呈持续性腹泻，病初排出黄色软粪，以后变成液状，内含坏死组织碎片。病猪极度消瘦和脱水，一般 5~7d

死亡。

慢性型：病猪在 1 周以上时间呈现间歇性或持续性腹泻，粪便呈灰白色糊状。

四、大体病理变化

最急性型：大面积出血性小肠炎。

急性型：明显的病变通常会局限在一定区域，空肠部分发生界限明显的气肿，与空肠邻近的区域发生急性、纤维素性腹膜炎，肠壁增厚，呈现黄色或灰白色。肠内容物充满血液和坏死的细胞碎片。

亚急性型：受影响的小肠区域发生黏连，肠壁增厚。

慢性型：肠壁局部区域增厚。

五、诊断

临床诊断：根据流行病学、症状和病变特点，如本病发生于 1 周龄内的仔猪，红色下痢、病程短、病死率高、肠腔充满含血的液体，以坏死性炎症为主，可作初步诊断。

实验室诊断。细菌培养、肠内容物和肠黏膜损伤处的抹片显微镜检查等。组织学病变是疫病的示病症状，在出血性肠内容物洗脱液或腹腔液中检查到坏死性的 β 毒素就可以确诊。另检测毒素基因的 PCR 技术已经取代传统毒素的检测方法。

六、预防和治疗

对于已经出现症状的动物，治疗作用甚微。

①仔猪出生后尽早时间内注射抗毒素血清。

②出生后立即口服抗生素，如氨苄西林、阿莫西林等。

③搞好猪舍和周围环境的卫生和消毒工作，特别是产房更为重要。接生前母猪的奶头要进行清洗和消毒，可以减少本病的发生和传播。

④目前多采用给怀孕母猪注射 C 型魏氏梭菌氢氧化铝菌苗，在分娩前2~3 周注射，使母猪免疫，仔猪出生后吸吮母猪初乳可获得被动免疫，这是预防本病最有效的办法。

任务 11 猪葡萄球菌

猪葡萄球菌多见于猪和猪舍设施上，实际上它们无处不在，最常见的致病菌是猪葡萄球菌和金黄色葡萄球菌。前者引起猪渗出性皮炎，后者引起化脓和其他疾病。

一、猪葡萄球菌：渗出性皮炎（*Exudative epidermitis*，EE）

（一）病原

葡萄球菌（*Staphylococcus*）为革兰氏阳性球菌，是成年猪皮肤上的正常菌群。无鞭毛，不形成芽孢和荚膜，常呈葡萄串状排列，在脓汁或液体培养基中常呈双球或短链状排列。为需氧或兼性厌氧菌，在血琼脂培养基上呈非溶血性、乳白色、凸起的圆形菌落。

葡萄球菌的致病力取决于其产生毒素和酶的能力，已知致病性菌株能产生血浆凝固酶、肠毒素、皮肤坏死毒素、透明质酸酶、溶血素、杀白细胞素等多种毒素和酶。大多数金黄色葡萄球菌能产生血浆凝固酶，还能产生数种能引起急性胃肠炎的蛋白质性的肠毒素。

葡萄球菌对外界环境的抵抗力较强。在尘埃、干燥的脓血中能存活几个月，加热 80 ℃ 30min 才能杀死。

（二）流行病学

葡萄球菌遍布全球，虽然渗出性皮炎偶尔发生，但一旦被引入感染猪群或环境后，猪群往往频繁发病。本病无季节性，一年四季均可发生，带菌猪是主要的传染源，通过接触传播，主要发生在哺乳仔猪和断奶猪，一般都呈散发性，发病率不高，一窝猪中严重程度不一样，打架咬伤或创伤成为感染的重要途径，感染后死亡率高。

（三）临床症状

出生仔猪可发生严重的、急性渗出性皮炎，发病率和死亡率较高。全窝或部分猪发病，病初首先在腋下或腹股沟处，往往被忽视。面部和头部出现褐色斑块，被血液和渗出物覆盖，随后病变可见褐色至黑色痂皮，而后病变继续扩大融合。断奶仔猪先在蹄部出现病变，继而扩展全身，6 周龄以上仔猪局限在头部，成年猪局限在背部。

（四）大体病理变化

局部皮肤变红，伴有清亮的渗出物，渗出物很快变稠，呈褐色，病变互相融合，由于细菌和污垢积聚，渗出物变油腻，呈黑色，最终形成广泛的并有臭味的痂皮，痂皮下皮肤增厚，粗糙不平。剖检病猪显著消瘦脱水，外周淋巴结水肿，肾盂中常有黏液或结晶，可能还有肾炎。

（五）诊断

临床诊断：根据仔猪渗出性皮炎，感染的皮肤上覆盖着一层厚的、棕黑色油腻并有臭味的痂皮。可以做出诊断。对于局部病变的成年猪诊断是比较困难。

实验室诊断：确诊需要送检病猪的痂皮和渗出液，做涂片镜检和细菌分离培养。

（六）预防和治疗

① 疾病早期治疗效果好，抗生素常用于治疗 EE，然而有报道，葡萄球菌对多种抗生素具有耐药性，其对青霉素、红霉素、链霉素、磺胺类药物、四环素普遍耐药。所以建议最好做药物敏感试验。在无药物敏感试验的前提下，最好选择头孢噻呋、恩若沙星或甲氧苄啶与林可霉素结合使用。

② 多次皮肤消毒也是治疗关键。

③ 加强发病猪护理，补充体液和电解质，防治脱水。

④ 加强饲养管理，严格猪舍和环境的清洗、消毒，初生仔猪剪牙一定要整齐，产床表面光滑干燥，防治皮肤外伤。

⑤ 可以使用本场分离的菌株制苗预防注射产前一月的母猪，有一定效果。

二、金黄色葡萄球菌（*Staphylococcus aureus*）

除猪葡萄球菌外，金黄色葡萄球菌是唯一能从猪的病灶中分离到的葡萄球菌属细菌。除了皮肤感染外，金黄色葡萄球还与败血症、乳房炎、阴道炎、子宫炎、骨髓炎及心内膜炎有关。金黄色葡萄球常见于猪舍设施及猪皮肤上，但极少引起发病。但最近猪作为耐甲氧西林金黄色葡萄球（*Methicillin resistant staphylococcus au-reus*，MRSA）的贮存宿主，成为一个公共健康问题引起关注。

（一）MRSA 的特性

1.不均一耐药性

MRSA 菌落内细菌存在敏感和耐药两个亚群，即一株 MRSA 中只有一小部分细菌约对甲氧西林高度耐药，在 50 μg/mL 甲氧西林条件下尚能生存，而菌落中大多数细菌对甲氧西林敏感，在使用抗生素后的几小时内大量敏感菌被杀死，但少数耐药菌株却缓慢生长，在数小时反又迅速增殖。

2.广谱耐药性

MRSA 除对甲氧西林耐药外，对其他所有与甲氧西林相同结构的 β－内酰胺类和头孢类抗生素均耐药，MRSA 还可通过改变抗生素作用靶位，产生修饰酶，降低膜通透性产生大量 PABA 等不同机制，对氨基糖苷类、大环内酯类、四环素类、氟喹喏酮类、磺胺类、利福平均产生不同程度的耐药，唯对万古霉素敏感。

3.生长特殊性

MRSA 生长缓慢，在 30℃，培养基 pH 值 7.0 及高渗（40g/L NaCl 溶液）条件下生长较快。在 30℃时，不均一耐药株表现为均一耐药和高度耐药，在 37℃又恢复不均一耐药。均一耐药株在 >37℃ 或 pH 值 <5.2 时，均一耐药性可被抑制而表现为敏感。增加 NaCl 浓度，低温孵育和延长时间，可使不均一耐药株群体中敏感亚群中的耐药性得到充分表达，即能耐受较高浓度的甲氧西林，而对其中耐药亚群无影响。但最近也有报道，高渗下延长培养时间，会影响 MRSA 的检出结果，因为在高盐情况下，培养 48h，对甲氧西林敏感的金黄色葡萄球菌易产生大量 β－内酰胺酶，可缓慢水解甲氧西林，导致细菌生长，而误认为 MSSA。所以一般 MRSA 在高盐环境孵育 24h，而耐甲氧西林凝固酶阴性葡萄球菌（MRCNS）由于耐药亚群菌数少于金葡菌，应孵育 48h 观察结果。

（二）公共卫生

金黄色葡萄球菌通常寄居在皮肤或鼻腔（25%~50%），医务人员可高达 70% 以上，且多为耐药性菌株，是医源性 MRSA 感染的主要传染源，所以感染多发生于医院或医疗机构中。另外对于动物管理者、兽医及长时间接触病猪的人相对于一般的人群鼻拭子检测 MRSA 阳性风险性高。MRSA 传播通过直接或间接与 MRSA 感染患者接触所致。自 1961 年英国发现首例 MRSA 以来，其日益猖獗，其感染几乎遍及全球。

金黄色葡萄是引起人局部皮肤感染和一些危及生命的疾病如败血症、肺炎、心内膜炎或其他软组织和骨感染的一种常见病因。如社区相关性 MRSA 肺炎和医院获得性 MRSA 肺炎。

任务 12　猪链球菌

猪链球菌病（*Streptococcus suis*）是由多种致病性猪链球菌感染引起的一种人畜共患病。虽然不断有人感染猪链球菌的报道，但是猪链球菌感染人仍属罕见，而且大多数患者都与养猪业有关，包括养猪场员工、屠宰场工人、猪肉搬运工、肉品检疫人员、猪肉零售商等。猪链球菌感染人主要经皮肤创口感染临床表现为腹泻、化脓性脑炎、心内膜炎、蜂窝织炎、关节炎、肺炎、腹膜炎、葡萄膜炎、眼内炎等。

一、病原

猪链球菌革兰氏染色阳性，具有荚膜，本菌呈圆形或卵圆形，常排列成链，链的长短不一，短者成对，或由 4~8 个菌组成，长者数十个甚至上百个。在固体培养基上常呈短链，在液体培养基中易呈长链。根据细胞壁荚膜多糖（CPSs）可将链球菌分为 35 个血清型，从发病猪体内分离到的链球菌大多属于 1~9 型，血清 2 型在大多数国家发病猪中占主导地位，在欧洲血清 9 型是重要的致病菌，英国以血清 1 型和 4 型为主，在加拿大和美国主要是血清 2 型和 3 型，亚洲国家主要是血型 2 型。

本菌为需氧或兼性厌氧菌。多数致病菌的生长要求较高，在普通琼脂上生长不良，在加有血液、血清的培养基中生长良好。在菌落周围形成 α 型（草绿色溶血）或 β 型（完全溶血）溶血环，前者称草绿色链球菌，致病力较低，后者称溶血性链球菌，致病力强，常引起人和动物的多种疾病。本菌的致病因子主要有溶血毒素、红斑毒素、肽聚糖多糖复合物内毒素、透明质酸酶、DNA 酶（有扩散感染作用）和 NAD 酶（有白细胞毒性）等。

二、流行病学

猪链球菌的天然定植部位是猪的上呼吸道（特别是扁桃体和鼻腔）、生殖道和消化道等，各个日龄阶段的猪群均带菌，仔猪带菌率相对较低。公猪及多种动物和鸟类都能分离到该菌，这些动物可能是该病的保菌动物，甚至散播该病菌株。该病主要的传播方式为水平传播，主要通过直接接触或气溶胶传播。各种年龄猪均易感，以刚断奶猪至出栏育肥猪多见，仔猪也可感染本病，但发病率低，多是由母猪通过分娩、呼吸可将产道及呼吸道污染菌传给后代。

三、临床症状

本病的发病率不同，通常低于5%，若不加治疗，死亡率可达20%。发病日龄一般为5~10周龄。最早出现体温升高（40~42 ℃），随后伴发菌血症或败血症。发生急性感染时，病猪无任何症状突然死亡，部分猪因脑膜炎而出现典型神经症状，早期神经症状包括运动失调、姿势异常，很快发展到不能站立、划动、角弓反张、惊厥和眼球震颤、双眼通常直视，角膜发红。其他临床症状包括由于败血症和肺炎导致乏力、厌食、出现不同程度的呼吸困难以及因为关节炎导致跛行。母猪导致流产。

四、大体病理变化

病变主要见于肺、脑、心脏和关节。主要表现为中性白细胞性脑膜炎（脑脊髓可见脑脊液增量，脑膜和脊髓软膜充血、出血。）、纤维素性或化脓性心外膜炎（心包液增量，心肌柔软，色淡呈煮肉样。右心室扩张，心耳、心冠沟和右心室内膜有出血斑点。心肌外膜与心包膜常粘连）、间质性肺炎及关节炎（关节囊膜面充血、粗糙、滑液混浊，并含有黄白色奶酪样块状物。有时关节周围皮下有胶样水肿，严重病例周围肌内组织化脓、坏死。）

五、诊断

临床诊断：一般根据临床症状、发病猪年龄及剖检变化可以做出初步诊断。

实验室诊断：病原菌分离和检验发现典型的组织病变。因猪链球菌感染可能存在多个血清型，建议从同一猪群中的不同动物或同一动物不同组织收集一个以上的 α 型溶血菌落进行鉴定。目前已经开发了快速检测猪2型链球菌胶体金免疫层析技术，但该技术只用于鉴定分离纯化的菌株。

六、预防和治疗

1. 治疗

选择抗菌药物治疗，使用抗菌药物必须注意细菌的敏感性、感染类型和给药途径。选择抗菌药物治疗发病猪群，应该充分了解当地流行菌株的血清型及其耐药谱。一项 7 国的调查表明，猪链球菌分离株对头孢噻呋、氟苯尼考、青霉素等没有产生耐药性。治疗要尽快，不论采用哪种给药方式，都需持续用药。

2. 预防

① 减少发病诱因：对于高密度规模化养猪企业，猪链球菌是一种重要致病菌。影响猪链球菌疫情发展的因素包括：猪群的免疫状况、感染猪群与非感染猪群的混群、免疫抑制、猪舍环境（拥挤、通风不良、温差变化大）、饲养管理技术、菌株致病力的强弱等。

另混合感染其他疾病会增加猪链球菌易感性和潜在的组织损伤，感染 PRRSV 可以明显增加猪链球菌的易感性；混合感染猪伪狂犬病毒会加重猪链球菌血清 2 型感染的临床症状。

② 抗菌药物预防，预防给药注意药物生物利用度和给药途径（经料或饮水）。

③ 免疫：不论是商品疫苗还是自家苗，免疫效果都不是很理想。

七、公共卫生

猪链球菌是一种新出现的动物传染病病原，在过去 5 年，其重要性日渐显著，皮肤小创口是链球菌进入人体内的主要途径，另猪链球菌也是人鼻喉部和胃肠道的正常菌群。人感染后的潜伏期为数小时至 2 d，前驱期临床表现为腹泻，后期通常表现为化脓性脑炎，也伴随其他临床症状，包括心内膜炎、蜂窝织炎、腹膜炎、横纹肌溶解、关节炎、脊椎关节盘炎、肺炎、葡萄膜炎和眼内炎。由于前庭功能受损导致耳聋，是链球菌感染人导致最严重的后遗症。在西方大多数国家，人感染链球菌的致死率不足 3%，而部分亚洲国家该病的死亡率高达 26%，2005 年中国暴发猪链球菌感染，感染的 200 多人有 39 人死亡，引发了全球对猪链球菌感染人的关注。

用 2% 的肥皂水可以将皮肤表面污染的链球菌清除，在链球菌的治疗中，除青霉素外，头孢曲松治疗人链球菌性脑膜炎。

任务 13　猪丹毒

猪红斑丹毒丝菌 1882 年首次从猪体内分离到，在之后的 40 年内，猪丹毒被报道在猪群中零星散发，在 20 世纪 30 年代，在北美出现了该病的流行。自首次报道该病流行以后，一些证据表明大约每隔 10 年就会再次发生更为严重的猪丹毒暴发流行。如果对猪丹毒不加以控制，它将成为具有重要经济意义的疾病，能够对猪生产的各个阶段产生影响。

一、病原

红斑丹毒丝菌（*Eryselothrix rhusiopathiae*）俗称丹毒杆菌，属于丹毒杆菌属（*Eryspelothrix*），是一种纤细的小杆菌，不运动，不产生芽孢，无荚膜，革兰氏染色阳性。本菌为微需氧菌，在血琼脂或血清琼脂上生长更佳。现已确认有 25 个型（即 1a、1b、2~22 及 N 型），猪丹毒主要为 1a、1b 和 2 型的红斑丹毒丝菌引起。

本菌对盐腌、烟熏、干燥、腐败和日光等自然因素的抵抗力较强。消毒药如 2% 福尔马林，1% 漂白粉，1% 氢氧化钠或 5% 石灰乳中很快死亡。但对石炭酸的抵抗力较强（在 0.5% 石炭酸中可存活 99 d），对热的抵抗力较弱。

二、流行病学

猪红斑丹毒丝菌遍布于世界各地，家猪被认为是最重要的储存宿主，除猪以外，已知还有至少 30 种野生鸟类和 50 中哺乳动物携带此菌。值得注意的潜在宿主包括牛、羊、狗、马、犬、小鼠、大鼠、淡水和海水鱼类、鸡、鸭、鹅、火鸡、鸽、麻雀、孔雀等。这些携带者通过排泄物和口鼻分泌物排菌，猪通过被污染的饲料、饮水或污染的皮肤创伤而发生感染。

猪丹毒主要感染生长发育猪，一年四季都有发生，常为散发性或地方流行性传染。有时也发生暴发性流行，自首次报道该病的流行以后，大约每隔 10 年就会再次发生更为严重的猪丹毒暴发流行。

三、临床症状

急性败血型：为败血性疾病，表现为以下任何一种组合形成突然发病：急性死亡，流产，精神沉郁，嗜睡，发热（40~43℃），退缩，卧地，步态僵硬及不稳所证实的关节疼痛，不愿活动或运动发声，食欲不振，特征性的粉红色、红色或紫色隆起的坚实的呈菱形或方形的块型。

亚急性疹块型：与急性型相比，症状较轻，一般不表现病态，1~2 d在身体不同部位，尤其胸侧、背部、颈部至全身出现界限明显，圆形、四边形，有热感的疹块，俗称"打火印"，指压退色。疹块突出皮肤2~3 mm，大小1至数厘米，从几个到几十个不等，干枯后形成棕色痂皮。也有不少病猪在发病过程中，症状恶化而转变为败血型而死。病程1~2周。

慢性关节炎型：主要表现为关节炎（腕、跗关节较膝、髋关节最为常见），关节肿大、变形、疼痛、跛行、僵。以后急性症状消失，而以关节变形为主，呈现一肢或两肢的跛行或卧地不起。

慢性心内膜炎型：主要表现为溃疡性或椰菜样疣状赘生性心内膜炎。心律不齐、呼吸困难、贫血。病程数周至数月。

四、大体病理变化

急性型猪丹毒：特征性的眼观病变包括皮肤出现疹块及败血症。淋巴结肿大、充血，脾肿大呈樱桃红色或紫红色，质松软，边缘纯圆，切面外翻，脾小梁和滤胞的结构模糊。肾脏表面、切面可见针尖状出血点，肿大，心包积水，心肌炎症变化，肝充血，红棕色。肺充血肿大。

疹块型：以皮肤疹块为特征变化。

慢性型心内膜炎：在心脏可见到疣状心内膜炎的病变二尖瓣和主动脉瓣出现菜花样增生物。

慢性关节炎：关节肿胀，有浆液性、纤维素性渗出物蓄积。

五、诊断

根据临床症状和病理剖检，主要特征为高热、急性败血症、皮肤疹块、慢性疣状心内膜炎及皮肤坏死与多发性非化脓性关节炎等作出初步诊断。

试验室诊断：可采集血液、脏器或疹块皮肤制成抹片，染色镜检，如发现革兰氏阳性纤细杆菌，可作初步诊断。确诊将新鲜病料接种血琼脂，培养48h后，长出小菌落，表面光滑，边缘整齐，有蓝绿色荧光。明胶穿刺呈试管刷状生长，不液化。还可将病料制成乳剂，分别接种小鼠、鸽和豚鼠，如小鼠和鸽死亡，尸体内可检出本菌，而豚鼠无反应，可确诊为该病。血清学试验有血清培养凝集试验，琼扩试验用于菌株血清型鉴定。

六、预防和控制

（1）药物治疗　猪红斑丹毒丝菌对青霉素高度敏感，因此成为首选的治疗药物。然而大多数菌株对氨苄青霉素、氯唑西林、头孢噻呋、泰乐菌素、恩若沙星也非常敏感。在感染早期治疗能产生很好的效果。

（2）血清疗法　在急性暴发期间，对整个猪群使用抗血清治疗是应用于世界部分国家和地区的一种相当普遍和有效的方式，皮下注射抗血清的猪能立即获得被动免疫，保护期持续高达2周。

（3）免疫　免疫接种是预防猪丹毒最好办法。

七、公共卫生

猪红斑丹毒丝菌是一种人畜共患病原菌，作为一种职业病主要发生于从事与感染动物或产品密切接触的工作人员（屠宰场工人、兽医、农牧、渔夫、鱼类处理工及家庭主妇），大多数病例是通过皮肤创伤而发生感染，被称为"类丹毒"。表现为急性、局灶性、疼痛性的蜂窝织炎，伴随有皮肤发红，有些病例出现发热、关节疼痛及淋巴结病等全身症状。大多数病例在1~2周内可以自愈。偶尔，类丹毒可发展为多个位点同时出现丘疹等全身性皮肤感染，并颁发全身性的临床症状，病程长，易频繁复发。在极少数情况下，猪红斑丹毒丝菌能引起败血症，通常导致致死性心内膜炎的发生。

任务 14　猪附红细胞体病

一、病原

附红细胞体（*Eperythrozoon*），简称附红体，根据其生物学特点更接近于立克次体而将其列入立克次体目（*Rickettsiales*）、无浆体科（*Anaplasmataceae*）、附红细胞体属（*Eperythrozoon*）。附红体是一种多形态微生物，多数为环形、球形和卵圆形，少数呈顿号形和杆状。附红体多在红细胞表面单个或成团寄生，呈链状或鳞片状，也有在血浆中呈游离状态。附红体对苯胺色素易于着染，革兰氏染色阴性，姬姆萨染色呈紫红色，瑞脱氏染色为淡蓝色。在红细胞上以二分裂方式进行增殖。迄今尚无研究出附红体纯培养物的报道。

附红体对干燥和化学药物比较敏感，0.5%石炭酸于37℃经3h可将其杀死，一般常用浓度的消毒药在几分钟内即可使其死亡；但对低温冷冻的抵抗力较强，可存活数年之久。

二、流行病学

本病的传播途径尚不完全清楚。报道较多的有接触性传播、血源性传播、垂直传播及媒介昆虫传播等。

三、症状

主要表现是发热，体温高达 42℃，呈稽留热，食欲不振，精神委顿。黄疸，眼结膜和皮肤呈淡黄色至深黄色，排黄色至茶色尿液。贫血，皮肤和黏膜苍白。便秘，干燥如算盘珠，有时带血，背腰及四肢末梢淤血，淋巴结肿大等。

四、大体病理变化

特征性病变是贫血和黄疸，病猪皮肤及黏膜苍白，显著黄染。全身性黄疸，血液稀薄。肝肿大，质硬呈土黄色。全身淋巴结肿大，切面有灰白色坏死灶或出血斑点。肾脏有时有出血点。脾脏肿大，质地软而脆。

五、诊断

根据临诊症状，可做出初步诊断，确诊需依靠实验室检查。

直接镜检：采用直接镜检诊断人畜附红体病仍是当前的主要手段，包括鲜血压片和涂片染色。用吖啶黄染色可提高检出率。在血浆中及红细胞上观察到不同形态的附红体为阳性。

血清学试验：用血清学方法不仅可诊断本病，还可进行流行病学调查和疾病监测，尤其是 1986 年 Lang 等建立了将附红体与红细胞分开，用以制备抗原的方法以后，更加推动了血清学方法的发展。

补体结合试验：本法首先被用于诊断猪的附红体病。病猪于出现症状后 1~7d 呈阳性反应，于 2~3 周后即行阴转。本试验诊断急性病猪效果好，但不能检出耐过猪。

间接血凝试验：用此法诊断猪的附红体病的报道较多。滴度 >1：40 为阳性，此法灵敏性较高，能检出补反阴转后的耐过猪。

荧光抗体试验：本法被最早用于诊断牛的附红体病，抗体于接种后第 4d 出现，随着寄生率上升，在第 28 天达到高峰。也曾被用于诊断猪、羊的附红体病，取得较好的效果。

酶联免疫吸附试验：1986 年 Lang 等用去掉红细胞的绵羊附红体抗原对羊进行酶联免疫吸附试验，认为此法比间接血凝试验的敏感性高 8 倍。有人用此法检查猪，认为比补体结合试验敏感，而且猪附红体抗原与猪因其他疾病感染的血清无交叉反应，但不适用于小猪和公猪的诊断，也不适用于急性期诊断。

六、预防

① 引种时把好检验关，不从疫区引进种猪。

② 严格做好环境卫生和消毒工作，并制订合理的驱虫计划。

③ 净化猪场，淘汰感染种猪。

④ 治疗用药选用血虫净（贝尼尔）和四环素、914 等。

项目三

猪寄生虫性疾病

任务 1　猪疥螨

猪疥螨病是世界上最重要的体外寄生虫疾病，猪感染疥螨后，表现为生产缓慢、饲料转化率低及繁殖母猪的繁殖力下降等。猪场发生疥螨病时，一般不易发现，使得该病的经济重要性被低估。

一、病原

猪疥螨病的病原为猪疥螨（Sarcoptes scabiei），属蛛形纲（Arachnida），螨亚纲（Acarina），疥螨科（Sarcoptidae）。虫体呈圆形、龟形，长约 0.5 mm，肉眼可见，在黑色背景下易见。

二、生活史

疥螨的发育为不完全变态，疥螨终身寄生，卵、幼虫、若虫和成虫均在表皮发育。其中雄螨为 1 个若虫期，雌螨为 2 个若虫期。疥螨的发育是在动物的表皮内不断挖掘隧道，并在隧道内不断繁殖和发育，疥螨钻进动物表皮挖掘隧道，虫体在隧道内以角质层组织和渗出的淋巴液为食，每日前进 0.5~5 mm，在隧道中，有不少可通向表皮的纵向通道，便于虫卵的孵育和幼虫由此爬出。虫体在隧道内发育和繁殖。雄虫于交配后死亡，雌虫在隧道内产卵，每个雌虫一生可产 40~50 个卵，卵经 3~4 d 孵化出幼虫，经 3~4 d 蜕化为若虫，在经 3~4 d 蜕化为成虫。猪疥螨的整个发育过程为 8~22 d，平均 15 d，其发育速度直接与外界环境有关。

三、流行病学

猪可能是疥螨病唯一的宿主，母猪是猪疥螨的主要宿主，疥螨通过感染猪与其他猪的物理接触进行传播，也可以通过被病畜污染过的厩舍、用具等间接接触引起感染。另外，也可由饲养人员或兽医人员的衣服和手传播。

四、临床症状

疥螨病最常见的症状是瘙痒、皮炎及结痂和脱毛为特征。尤其在耳廓内侧面形成结痂。随着结痂的消退，多数猪出现过敏性皮肤丘疹，丘疹多出现在臀部、腹部等。

五、诊断

当猪身体上出现伴有瘙痒的小红丘疹时，应怀疑患有疥螨病。通过在皮肤刮取物中发现疥螨来确诊。

六、预防和控制

1.治疗

成功治疗的关键是争取使用杀螨药物。有效的杀螨药物有：亚胺硫磷浇泼剂、双甲脒喷洒剂、阿维菌素类药物等。阿维菌素类药物可以注射给药，也可以拌料口服给药。

2.预防

① 母猪产子前8 d一次性使用阿维菌素类药物能有效控制疥螨病感染仔猪。

② 对种猪群进行治疗同时，对环境和用于采取消毒等生物安全措施。

③ 引进猪必须严格检查和处理。

任务 2　球虫
猪等孢球虫和艾美尔球虫

球虫是一类细胞内专性寄生虫，其中艾美尔属（*Eimeria*），等孢属（*Isospora*）、隐孢子虫属（*Cryptosporidium*）、弓形虫属（*Toxoplasma*）和肉孢子虫属（*Sarcocystis*）是哺乳动物和禽类重要的寄生虫。家畜能被多种球虫感染，但对某种家畜而言，只有少数几种球虫具有致病性。新生仔猪球虫病呈世界分布，可发生于集约化饲养的任何猪场。

一、生活史

球虫的生活史属于直接发育，不需要中间宿主，包括3个阶段：孢子生殖、裂体生殖、配子生殖。在宿主体内进行裂殖生殖和配子生殖，在外界环境中进行孢子生殖。每种球虫的每一发育阶段都是唯一的，了解球虫生活史的各个阶段对球虫的诊断、治疗、预防和控制都是及其重要的。

孢子生殖是粪便中排出的未孢子化、非感染性的卵囊发育为感染性的卵囊的过程。感染性的卵囊对环境具有一定的抵抗力，孢子化过程需要合适的温度及湿度，一般温度在20~37℃下能迅速孢子化，母猪产房为新生仔猪提供的32~35℃温度条件下有利于球虫孢子化生殖。未孢子化的卵囊和孢子化过程中的卵囊很容易被杀灭，但卵囊一旦完成孢子化过程，孢子化球虫卵囊便对环境具有一定的抵抗力。

裂体生殖是感染性卵囊被吞入胃后，在胆汁盐和消化酶作用下卵囊壁破裂，释放出子孢子，子孢子侵入小肠肠细胞内开始增殖，发育形成新一代裂殖体或配子体，在进行了2~3代裂殖生殖之后便开始转入配子生殖。

配子生殖是小配子体和单核的大配子体，小配子体产生小配子，小配子和大配子体授精形成卵囊，卵囊随粪便排出体外。

二、流行病学

猪球虫的种类很多，但对仔猪致病力最强的是猪等孢球虫。猪等孢球虫常见于仔猪，但成年猪常发生混合球虫感染。

三、临床症状

主要发生在7~15日龄的哺乳仔猪，主要临床症状是排出黄色至灰白色状便，开始时粪便呈疏松、糊状，随着病情的发展变为液体状，具有酸臭味。仔猪通常能继续吃奶，但会出现被毛粗乱、脱水和体重减轻。产房内不同窝仔猪的临床症状不尽相同，即使是同一窝仔猪，受影响的程度也不尽相同。

四、大体病理变化

特征性大体病变是空肠和回肠出现纤维素坏死假膜。纤维病变可见肠绒毛萎缩、融合、隐窝增生，可见整个黏膜的严重坏死性肠炎。

五、诊断

临床诊断：当 7~15 日龄仔猪出现腹泻，并且这种腹泻不受抗生素治疗的影响，提示新生仔猪可能存在球虫感染。注意与引起猪的其他肠道疾病进行鉴别诊断，如大肠杆菌、TGEV、PoRV、C 型产气荚膜梭菌、类圆线虫等。

实验室诊断：对有临床症状的仔猪进行粪便检查，看是否存在卵囊，这是现有诊断方法最快的方法。

六、治疗和控制

1. 药物治疗

百球清是一种有效治疗仔猪球虫病的药物，给 3 日龄仔猪口服可有效减少临床症状的发生，并取得较好的防治效益。

2. 环境卫生

重视环境卫生是迄今减少由新生仔猪球虫病引起的损失最为成功的方法。

① 保持产房卫生，每批猪转出后彻底将产房组织碎片清除，对产房进行彻底消毒，以杀灭球虫卵囊。

② 限制饲养人员进入产房，防止由衣物、鞋子携带的卵囊在产房内传播。

③ 防止宠物及鼠类进入产房。

④ 每次分娩后应对产房进行消毒。

任务 3　弓形虫

猪弓形虫病是由球虫类原虫——刚地弓形虫引起的原虫病，在人和动物感染弓形虫病比较常见。人和动物通过食入刚地弓形虫卵囊污染的食物和饮水或通过食入含有包囊的肉而被感染。猫是唯一一种能从粪便中排除刚地弓形虫卵囊的动物，在刚地弓形虫传播给猪和其他动物中起重要作用。

一、病原

猪弓形虫病是由刚地弓形虫引起的一种寄生性原虫病，其主要寄生在宿主的有核细胞内。刚地弓形体根据发育阶段，有 5 种不同形态，在中间宿主（家畜和人）体内有滋养体和包囊；在终末宿主（猫）有裂殖体、配子体和卵囊。

二、生活史

弓形虫生活史包括有性生殖和无性生殖阶段，全过程需两种宿主，在猫科动物体内刚地弓形虫完成有性世代，同时也进行无性增殖，故猫是弓形虫的终宿主兼中间宿主。在其他动物或人体内只能完成无性生殖，最为中间宿主。有性生殖只限于在猫科动物小肠上皮细胞内进行，称肠内期发育。无性生殖阶段可在肠外其他组织、细胞内进行，称肠外期发育。弓形虫对中间宿主的选择极不严格，除哺乳动物外，鸟类、鱼类和人都可寄生，对寄生组织的选择也无特异亲嗜性，除红细胞外的有核细胞均可寄生。

中间宿主内的发育：当猫粪内的卵囊或动物肉类中的包囊或假包囊被中间宿主，如人、羊、猪、牛等吞食后，在肠内逸出子孢子、缓殖子或速殖子，随即侵入肠壁经血或淋巴进入单核吞噬细胞系统寄生，并扩散至全身各器官组织，如脑、淋巴结、肝、心、肺、肌内等进入细胞内发育繁殖，直至细胞破裂，速殖子重新侵入新的组织、细胞，反复繁殖。

终宿主内的发育：猫或猫科动物捕食动物内脏或肉类组织时，将带有弓形虫包囊或假包囊吞入消化道而感染。此外食入或饮入外界被成熟卵囊污染的食物或水也可得到感染。卵囊内子孢子在小肠腔逸出，主要在回肠部侵入小肠上皮细胞发育繁殖，经 3~7d，上皮细胞内的虫体形成多个核的裂殖体，成熟后释放出裂殖子，侵入新的肠上皮细胞形成第二、三代裂殖体，经数代增殖后，部分裂殖子发育成成熟的刚地弓形虫、未成熟卵囊和红细胞为配子母细胞，继续发育为雌雄配子体，雌雄配子受精成为合子，形成卵囊，破出上皮细胞进入肠腔，随粪便排出体外，在适宜温、湿度环境中经 2~4d 即发育为具感染性的成熟卵囊，猫吞食不同发育期虫体后排出卵囊的时间不同，通常吞食包囊后约 3~10d 就能排出卵囊，而吞食假包囊或卵囊后需 20d 以上。受染的猫，一般每日可排出 1 000 万卵囊，排囊可持续 10~20d。

三、流行病学

被刚地弓形虫感染的猫和鼠类是猪弓形体病感染的主要来源。不同品种、年龄、性别的猪只均可发生，但哺乳仔猪、架子猪和母猪危害最为严重，感染途径除经口和损伤的皮肤、黏膜感染外，还可经胎盘感染，感染的母猪可以垂直传播给仔猪。

四、临床症状

症状与猪瘟、猪流感相似。一般症状不明显，病猪精神和食欲不振，常便秘，有的后期下痢。耳、唇、股内侧、腹部、四肢下部发绀或有淤血斑，后肢软弱无力，行走摇摆，喜卧，体温升高到 40~42℃，并稽留 7~10d。呼吸困难，有浆液性或脓性鼻液，严重的现腹式或犬坐式呼吸，甚至口流泡沫窒息死亡。孕猪常流产、死胎、胎儿畸形。

五、大体病理变化

最特征的病变在肺、淋巴结、肝等器官肿大，并有许多出血点和坏死灶。肠道出血，肠黏膜上有坏死灶。部分病猪可有脉络膜炎或脑脊髓炎。

六、诊断

该病临床诊断比较困难。血清学方法可以用来检测猪的弓形体抗体。优化的间接凝集实验是检测弓形体感染的最敏感及特异性最好的方法。

七、预防和控制

① 定期监测，淘汰阳性猪。病猪不做种用。
② 场内禁止养猫，定期灭鼠驱虫。
③ 粪便生物发酵进行无害化处理。
④ 治疗主要采用磺胺类药物。

任务 4　蠕虫病

猪蠕虫病（线虫、绦虫、吸虫）在世界范围内普遍存在，不仅引起临床疾病，而且危及生产。在历史上，大多数寄生虫防控方案，旨在降低由猪蛔虫和猪肾虫所造成的肝脏淘汰率。

一、猪蛔虫病

（一）病原

猪蛔虫是由蛔科、蛔属的猪蛔虫寄生在猪的小肠中引起的一种线虫病。猪蛔虫是圆柱形大型线虫,略带粉红色、白色或黄色,表皮光滑,形似蚯蚓,前后两头稍尖的圆柱状大型线虫。雄虫长 12~25cm,尾端向腹部卷曲,有等长的交合刺一对。雌虫长 30~35cm,后端直而不卷曲。虫卵短椭圆形,大小为(50~75)μm×(40~80)μm,黄褐色,卵壳厚。

(二)生活史

猪蛔虫属土源性寄生虫,其发育不需要中间宿主,整个过程可分为:虫卵在外界的发育、幼虫在脏器内的移行和发育、成虫在小肠内的寄生三个阶段。雌虫在小肠内产卵,卵随宿主粪便排入外界,在适宜的条件下,发育成感染性虫卵;被猪吃后,卵内幼虫出来,钻入宿主肠壁血管。随血流到达肝脏,在此停留 2~3d,发育为第 3 期幼虫;再随血流到心肺,在肺部停留 5~6d,变成第 4 期幼虫,后通过支气管、气管进入喉头,再被咽下,到达小肠,变成第 5 期幼虫,最后发育为成虫。

(三)流行病学

猪蛔虫病流行甚广,特别是仔猪蛔虫病,几乎到处都有。主要原因是蛔虫生活史简单,属土源性寄生虫,不需要中间宿主参与,因而不受中间宿主所限。患病猪和带虫猪是主要的传染源,经口摄入虫卵是主要的感染途径。另外,感染性虫卵也可经呼吸道进入。

(四)临床症状

主要危害仔猪,缺少特征性临床症状,对 4 月龄以下的小猪,幼虫在肺脏移行时引起典型的肺炎,咳嗽和哮喘,但这种肺炎是暂时性的。严重患病时,猪食欲不振。被毛粗乱,发育不良,贫血,生长缓慢,并有咳嗽,呕吐和下痢。蛔虫过多而阻塞肠道时,病猪表现疝痛,有的可能发生肠破裂而死亡。

(五)病变

虫体寄生少时,一般无显著病变。如多量感染时,在初期多表现肺炎病变,肺的表面或切面出现暗红色斑点。由于幼虫的移行,常在肝上形成不定形的灰白色斑点及硬变。如蛔虫钻入胆管,可在胆管内发现虫体。如大量成虫寄生于小肠时,可见肠黏膜卡它性炎症。如由于虫体过多引起肠阻塞而造成肠破裂时,可见到腹膜炎和腹腔出血。

（六）诊断

据流行病学、症状、病变及剖检找到虫体可作出初步诊断。确诊可用饱和盐水漂浮法检查虫卵。

（七）预防和控制

良好的环境卫生是控制寄生虫感染的一个关键环节，蠕虫主要通过污染的饲料、土壤或粪便污染而传播。而虫卵的生存和发育需要一定的温度和湿度，在干燥及阳光直射下存活时间不长。一般常规消毒剂不能杀死蛔虫虫卵，采用洗涤剂和蒸煮的方法，彻底清除猪舍、饲槽及设备用具是控制虫卵和幼虫的最好办法。

药物治疗：酒石酸嘧啶、哌嗪盐、伊维菌素、咪唑噻唑类药物。

二、猪肾虫病

（一）病原

猪肾虫病（*Stephanurosis*）是由猪肾虫（有齿冠尾线虫）引起的，又称冠尾线虫病。猪肾虫的成虫寄生在肾周围脂肪、肾盂和输尿管壁上形成的囊内。移行过程中通过肝，迷途的虫体可以出现于肺及其他组织。猪肾虫虫体较粗大，两端尖细，体壁厚。活的虫体呈浅灰褐色。雄虫长 21~33mm，雌虫长 24~52mm，虫卵为椭圆形，卵较大，肉眼可见，其大小为 $120\mu m \times 70\mu m$。

（二）生活史

成虫在结缔组织形成的包囊中产卵，包囊有管道与泌尿系统相通，卵随尿液排到外界，在适宜的温度下（28℃），经 16~21h 孵出第 1 期幼虫，第 2 天发育为第 2 期幼虫，第 3 天发育为第 3 期幼虫（感染性幼虫）。感染性幼虫经口或皮肤侵入宿主。幼虫经口感染后进入胃，穿过胃壁，进入血管，随血流入门脉而进入肝。经皮肤感染的幼虫，随血流进入右心，经肺、左心、主动脉、肝动脉而达肝。感染幼虫在肝脏里大约生活 2 个多月后蜕皮变为第 5 期幼虫。约在感染后 3 个月，第 5 期幼虫即从肝脏经体腔向肾区移行。从幼虫进入猪体到发育成熟产卵，需 128~278d。特别值得注意的是当肾虫卵被蚯蚓吞食后，仍能在其体内发育为感染性幼虫。当猪吞食带感染性幼虫的蚯蚓也会遭受感染。

（三）临床症状

幼虫对肝组织的破坏相当严重（第4期、第5期幼虫的大小已经接近于成虫，虫体数量多时，机械性地损伤就可达到相当严重的程度），引起肝出血、肝硬化和肝脓肿。临诊表现为病猪消瘦、生长发育停滞和腹水等。当幼虫误入腰肌或脊髓时，腰部神经受到损害，病猪可出现后肢步态僵硬、跛行、腰背部软弱无力，以至后躯麻痹等症状。

（四）大体病理变化

幼虫对肝组织的破坏相当严重，引起肝出血、肝硬化和肝脓肿。

（五）诊断

对5月龄以上的猪，可在尿沉渣中检查虫卵。用大平皿或大烧杯接尿（早晨第一次排尿的最后几滴尿液中含虫卵最多），放置沉淀一段时间后，倒去上层尿液，在光线充足处即可见到沉至底部的无数白色的圆点状的虫卵，即可做出初步诊断。镜检虫卵可最后确诊。5月龄以下的仔猪，只能在剖检时，在肝、肺、脾等处发现虫体。

（六）预防和控制

同猪蛔虫病。

项目四

非传染性疾病

任务　霉菌毒素

霉菌毒素是谷物和饲料中的霉菌生长产生的次级代谢产物，最常见的对猪具有高风险的霉菌毒素有 6 种，分别是黄曲霉毒素 B_1（AFB_1）、赭曲霉毒素 A（OTA）、脱氧萎镰菌醇（DON）、麦角、烟曲霉毒素 B_1（FB_1）及玉米烯酮（ZEA）。霉菌毒素影响很多身体系统，伴随多种多样的临床症状、损伤及繁殖力损伤等，是危害养猪业比较严重的毒素。

一、霉菌毒素的形成

霉菌毒素最常见的来源有两种形式，即收割前作物中生长的田间霉菌和仓库霉菌。田间霉菌是指镰孢菌属和麦角菌属等野外菌株，其生长需要较高的相对湿度（>70%）和作物含水量（>23%）。田间霉菌经常引起胚珠死亡、种子或核仁皱缩，胚虚弱或死亡。田间霉菌在收获后生长得很差，如果干燥的谷物受潮，在贮藏期田间霉菌也不会再生长，也不产生毒素。仓库霉菌包括曲霉属（*Aspergillus*）和青霉属（*Penicillium*），它们产生的几种霉菌毒素对养猪业具有重要影响。这些霉菌甚至在湿度为 14% ~18% 和温度为 10~50 ℃条件下也可生长并产生霉菌毒素。但是，黄曲霉菌（*Aspergillus flavus*），通常被认为是一种仓库霉菌，经常在收获前的作物中产生高浓度的黄曲霉毒素。

霉菌毒素的高发具有季节性和地区性，某些地区被认为是某些特定霉菌毒素的高发区。然而，早霜、干旱和虫害等当地条件严重地影响着霉菌毒素产生的地区性。另外，谷物和饲料产品的长途运输，以及混合和运输对谷物造成的损伤，和不适宜的贮藏等，均可使地区间的差异变得不明显。

环境和管理条件可影响霉菌毒素的产生和动物接触霉菌毒素。过筛过程可使谷物受损或破碎并出现轻质谷粒，霉菌毒素在受损或破碎的谷物中浓度较高。当收割时，在农场内或当地过筛时将增加霉菌毒素暴露的机会。贮藏于稍高于最适温度的谷物，可继续呼吸并产生水分；秋、春季节，由于冷、暖温度交替有利于粮仓内水分的转移和冷凝，达到开放储存的湿度，从而促进霉菌生长并产生毒素。贮存于温暖、潮湿条件下的饲料，仅在数天时间内即可发霉并产生霉菌毒素。

二、霉菌毒素中毒机理

霉菌毒素中毒的发生主要是动物食入了被污染的谷物，日粮中营养成分不足，缺乏蛋白质、硒和维生素也是引起霉菌毒素中毒的因素之一。由于大多数常见霉菌毒素的中间产物或终产物的毒性与霉菌毒素的毒性不同，因此减少或增加外源性的化合物、代谢的药物可影响机体对毒素的反应，这类药物对黄曲霉毒素和赭曲霉毒素的作用比较大，而对单端孢霉毒素相对比较小，通常饲料中霉菌毒素不是单一存在而是几种同时存在，当不同毒素同时存在时，霉菌毒素的毒性有累积效应。

三、霉菌毒素在养猪业中的危害

霉菌毒素中毒是养猪业当中普遍存在而又很难解决的问题之一，猪霉菌毒素中毒的临床表现分为急性、亚急性或慢性，通常以慢性为主，其临床表现因日粮中霉菌毒素的浓度和猪只的摄入量及猪只的年龄有关。主要表现为生殖周期紊乱，采食量减少，生长缓慢，饲料利用率降低和免疫抑制等。

1. 黄曲霉毒素

黄曲霉（*Aspergillus flavus*）和寄生曲霉（*Aparasiticus*）可在贮藏期间和收割前期的谷物和油料作物的种子中产生黄曲霉毒素（*Aflatoxins*）。黄曲霉毒素 AFB_1、AFB_2、AFG_1 和 AFG_2 发生于谷物中，哺乳动物将其代谢后，则以黄曲霉毒素 M_1 形式出现于乳和尿中。在自然污染条件下黄曲霉毒素 B_1 最常见，其毒性也最大。

家畜中以仔猪最为敏感。低浓度的黄曲霉毒素污染导致采食量下降、饲料转化率降低和引起机体的免疫抑制。母猪饲喂黄曲霉毒素污染严重的饲料，毒素会通过母乳传播而造成仔猪生长迟缓甚至死亡。此外，黄曲霉毒素还会干扰肝脏的解毒功能以及损害免疫系统。

生长肥育猪日粮中含黄曲霉毒素 $200\sim400\,\mu g/kg$，临床反应为生长受阻和饲料利用率降低，有免疫抑制作用，并能引起母猪流产、泌乳力下降。

当日粮中含黄曲霉毒素 400~800μg/kg，猪临床表现为肝脏轻微受损，胆管炎、肝炎，有免疫抑制作用。

当日粮中含黄曲霉毒素 800~1 200μg/kg，猪临床表现为生长受阻，采血量减少、皮毛粗乱、黄疸、低蛋白血症。

当日粮中含黄曲霉毒素 1 000~2 000μg/kg，猪临床表现为黄疸，凝血病、精神沉闷、厌食，部分动物死亡。

当日粮中含黄曲霉毒素大 2 000μg/kg，猪临床表现为急性肝病和凝血病，在 3~10 d 内死亡。

2. 玉米赤霉烯酮

玉米赤霉烯酮（F_2 毒素）由禾谷镰孢霉菌产生，是具有类似雌激素作用的霉菌毒素，临床症状因感染剂量和年龄不同而异。玉米赤霉烯酮对猪影响最大的部位是生殖系统。较低的浓度会诱发女性化现象，较高浓度会干扰排卵、受孕、植入及胚胎的发育。可造成后备母猪或小母猪出现假发情和阴道脱垂或脱肛。该毒素会造成怀孕母猪的流产和死胎、初生仔猪出现八字腿及外阴部肿胀。

日粮含 1~5 mg/kg 浓度玉米赤霉烯酮，可引起初情期的后备母猪外阴阴道炎，症状为外阴阴道水肿（假发情）、早期性乳房发育、保育阶段小猪和生长肥育猪外阴水肿，严重者破裂，常呈排尿姿势，里急后重，偶尔导致直肠脱，特别能引起怀孕 50 d 左右的母猪流产，空怀率增加，公猪表现包皮肿大，青年公猪性欲降低，睾丸萎缩。

高浓度的玉米赤霉烯酮会导致公猪精液生产量下降，并降低精子的活力。

初情期前的后备母猪日粮含玉米素霉烯酮 1~3 mg/kg，临床表现为假发情，外阴道炎，脱垂，未孕母猪和后备母猪日粮含玉米素霉烯酮 3~10 mg/kg，临床表现为黄体滞留，不发情；妊娠母猪日粮含玉米素霉烯酮大于 300 mg/kg，临床表现交配后 1~3 周出现胚胎死亡。

3. 赭曲霉菌毒素

赭曲霉菌毒素（*Ochratoxins*，OTA）是赭霉菌产生的霉菌肾毒素。饲料内含 1 mg/kg 浓度赭曲霉毒素的日粮，3 个月可引起猪烦渴、尿频、生长受阻和饲料利用率降低，临产表现为腹泻、厌食和脱水，解剖肾苍白、坚硬等特征。

4. 麦角毒素

中毒症状可在数天或数周出现，包括精神沉郁，食欲减少，心跳呼吸加快，体况不佳，后肢出现跛行，严重者尾巴、耳朵和蹄坏死及腐肉脱落，寒冷时病情加重，妊娠母猪发生无乳症。

5.单端孢霉烯族毒素

单端孢霉烯族毒素（*Trichothecenes*）是一类由镰刀菌属（*Fusarium*）中多种真菌所产生的次生代谢产物，在自然界中分布极为广泛，是自然发生的最危险的食品污染物，对人畜健康危害十分严重。在全世界引起关注最多的三种毒素是T-2毒素、双乙酸基草烯醇（*Diacetoxyscirpenol*，DAS）、脱氧雪腐镰孢烯醇（*Deoxynivalenol*，DON, 催吐素）。

饲喂日粮中含有单端孢霉菌素时，可引起皮肤坏死，淋巴系统严重损伤，胃肠炎、腹泻、休克、心力衰竭和死亡。长期食用，引起采食量下降，拒食和呕吐。

四、霉菌毒素的预防和管理

当发生霉菌毒素中毒或怀疑是霉菌毒素中毒时，首先采取的措施应是更换饲料的来源。即使霉菌毒素的种类尚不能确定，这项措施也是有益的。全面检查谷物仓库、混合设备和饲料槽，可发现结块、发霉或霉臭。应清除所有被污染的饲料并清洗设备。另外，应使用稀释的次氯酸盐溶液（洗衣用漂白粉）冲洗墙壁和容器以减少污染的霉菌量。在装入新的饲料前，所有设备应是完全干燥的。

应对任何可疑饲料进行分析，以确定是否存在已知的霉菌毒素。

如果贮藏条件很差或谷物湿度太高，建议使用霉菌抑制剂。大多数市售的霉菌抑制剂是有机酸，如丙酸，它们能有效减少或抑制霉菌生长。霉菌抑制剂不能破坏收割前往往已在田间形成的毒素。除了氨合作用（尚未被美国食品药物管理局批准）能破坏黄曲霉毒素外，商业上尚没有一种实用的处理方法能够有效地破坏已形成的霉菌毒素。通常使用清洁的谷物稀释被霉菌污染的谷物，以降低霉菌毒素的作用，但此方法未批准用于黄曲霉毒素。对于任何霉菌毒素问题，稀释法最初可以减少动物对霉菌的接触，但是还应采取措施以预防潮湿或已污染的谷物产生新的霉菌和预防发生最终导致所有混合物被污染的条件。

项目五

兽医实践

任务 1　静脉采血技术

血液取样已成为最常见的样本收集技术之一，可以采取几种不同的技术采集猪的血液样本，由于猪的大血管都是不可见的，因此猪血液样本的收集是一种盲采血，这需要能够很好地了解猪的解剖位置。

一、采血器械—针筒选择

针筒一般为 5mL 或 10mL 规格的一次性针筒。由于猪的大小不同，前腔静脉的深浅不一样，要求使用的针头是不一样的。针头太短，刺不到前腔静脉。针头太长，则可能刺穿前腔静脉，同样采不到血。根据经验，公母猪宜选用 16 号（50mm）针头。30kg 以上的成年猪和育成猪，宜选用 12 号（38mm）针头。10~30kg 仔猪，可选用 9 号（25mm，一次性注射器常配的针头）。10kg 以下仔猪，应选择 9 号（20mm）针头。

二、猪的保定

从猪和人的角度来看，猪的保定在安全采集样本过程中非常重要，猪的大小和保定器舒适程度决定了保定的方法。

（1）中大猪　采用站立式保定方法，用保定绳将其上颌骨吊起，向前方用力，以猪前肢刚刚着地不能踏地为准，并充分暴露两侧胸前窝为度，但脖子不应该被过分拉长，否则扎入血管就会变得更加困难（图 5-1）。

（2）小猪　采取仰卧保定方式，助手抓握两后肢，尽量向后牵引，另一助手用手将下颌骨下压，使头部贴地，并使两前肢与体中线基本垂直，此时，两

图 5-1　中大猪采血保定方法

侧第一对肋骨与胸骨结合处的前侧方呈两个明显的凹陷窝。

三、采血部位及采血方法

常用方法为前腔静脉和颈静脉采血

（1）前腔静脉　找到猪的左颈沟，将针头插入胸廓内只露出针帽。针头朝向直指另一边的肩膀顶部。方向大概与中线呈 30°，与颈线呈 90°。猪右侧主要用于血液样品的采集，右侧的迷走神经与左边相比，有较少的神经来支配心脏和隔膜，穿刺迷走神经，可能会引起猪表现出呼吸困难、苍白病、惊厥等一些症状。见图 5-2。

图 5-2　中大猪前腔静脉采血位置，左颈沟处插入针头

（2）颈静脉　刺入颈静脉的过程类似前腔静脉，从前到后用针向胸口外插入约 5 cm，猪的右侧仍然是首选，颈静脉相对于前腔静脉位置比较浅。

（3）耳静脉　耳静脉的显现可以通过使用轻微止血带（通常用一个橡皮筋捆住耳朵或用拇指按压）。用手指来回轻微的拍打耳朵后面可以帮助刺激静脉。静脉穿刺是从不超过最大静脉的末梢（向耳朵尖）开始。

（4）其他采血法　尾巴采血、股静脉采血、头静脉采血、心脏穿刺法、眼眶静窦脉采血等。

四、血液处理

采到血液后，应立即将注射器内的血液徐徐注入 EP 管中（图 5-3），不能有气泡，也不能振荡。

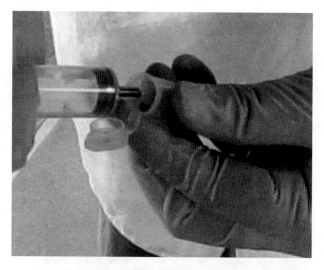

图 5-3　将注射器内的血液徐徐注入 EP 管中保存备用

制备血清

将非抗凝血在 37 ℃恒温箱中静置 30min，然后放入 4 ℃冰箱中 60min，3 000 r/min 离心 10min，收集血清，−20 ℃保存备用。

任务 2 猪尸体剖检

猪场兽医是能够开展猪尸体剖检的专业人员，其部分责任是对猪病进行常规的尸体解剖，对猪的尸体检查，不仅可以了解所检查的猪个体的疾病过程，同时也是识别新出现的威胁健康因素的过程。

尸体检查一定要制订一个一致、全面、合乎逻辑且系统的规则。不同兽医之间规则可以不同，但同一兽医必须始终保持一致。

全面：有些情况下，可能只需要一个单一的器官如肺脏，用于解决一个特定的诊断问题，但是兽医常要综合考虑是否有必要进行完整的尸体剖检来获得死猪的全部价值。

合乎逻辑：常规尸体检查也会因待解决的临床问题不同而产生差异，在一定程度上，还会受被检猪的大小、尸体剖检位置的影响。对于每次尸体检查，系统、合乎逻辑和实用是很重要的。

系统：在实际工作中，常规的做法是使用清单来减少操作错误，用清单或尸体剖检表来记录所见，确保现场的干扰因素不影响系统、常规的剖检程序。清单或尸体剖检表内容主要包括病史、病变特征描述、疫苗使用情况和治疗史等。

一、剖检安全

对猪进行剖检时，安全始终是一个必须要考虑的问题，猪体内潜在的微生物可能会传染给人或其他猪；体液也会使地面变滑；在检查疾病过程中使用的锋利工具可能割伤剖检人员。所以从安全角度考虑，现场不是理想的尸体剖检环境，应仔细设计尸检过程，减少受伤的风险。在尸检过程中应穿戴好能有效防护危害的个人防护装备，以防发生意外。至少应该佩戴防水手套，以减少皮肤接触组织和体液时所带来的被污染风险。

在尸检过程中使用手术刀是非常重要的，使用时遵循以下规则可避免大部分因手术刀引起的伤害。① 向外用力；② 刀具只能作为刀使用。尸体解剖刀用于尸检以外的事情，可能会同时对手术刀和操作者造成伤害；③ 保持刀具锋利。使用锋利的手术刀能减少切割时间和力度，降低疲劳和刀片从切割面滑脱的概率，也减少了刀柄脱手的概率。

对于手术刀和其他器械的追踪很重要，尤其是在大型的尸检过程中，跟踪更是一个挑战。尸检过程中，如不使用刀具，可将刀片插入尸体大肌内中以节省追踪时间，防治受伤。

二、剖检工具

外科刀、外科剪及镊子、手术刀片和刀柄、检查手套、无菌塑封样本袋、采血管、永久性签字笔、培养棉签、注射器和针头、10%甲醛缓冲溶液。

三、猪剖检

猪的剖检方法及过程不同的实验室、不同病理学诊断方法不同，其剖检原则也不同。

（一）猪致死

如猪还存活必须对猪实施安乐死，必须选择经批准的安乐死方法，以确保人员的安全及猪的福利。如收集血清和全血必须在实施安乐死之前进行。

（二）外部检查

外部检查是评价猪的整体身体状况，检查整个尸体外部的异常状况。注意鼻、眼分泌物，眼结膜的颜色，眼睑水肿，嘴和耳朵周围及全身皮肤的损坏，检查关节和脚部是否有肿胀或损伤，检查肛门周围颜色变化或灼伤等腹泻的证据，检查下颌淋巴结是否有肿胀现象，对母猪而言，触诊是否有乳腺炎。

（三）内部检查

1. 固定

对于体型较大的猪的剖检一般采用左侧卧位，握住右前肢，肢体外展，第一刀从右下颌角切开皮肤和腋前肌内，沿着右侧肋骨，翻开右前肢。第二个切口用相似的方法外翻右侧后肢。抬起脚使后肢外展，从腿与右侧腹部连接处切开，通过内部的大腿肌内和髋关节囊（切断韧带），向后沿着大腿基部直到尾部侧面。同时检查和收集腹股沟淋巴结样品（图 5-4）。

对于体型较小的猪，尸体剖检一般采用仰卧：切断四肢内侧的所有肌内和髋关节的圆韧带，使四肢平摊在地上借以抵住躯体，保持不倒（图 5-5）。

2. 皮下检查

从颈、胸、腹的腹侧切开皮肤，通过中线向腹背侧翻开皮肤。检查皮下有无出血、淤血、水肿、体表淋巴结的大小、颜色，有无出血、充血、坏死、化

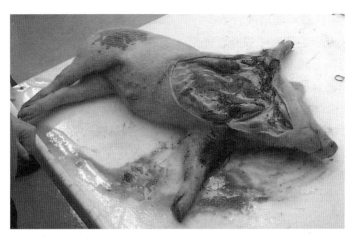

图5-4　体型较大的猪剖检固定方式：左侧卧位固定

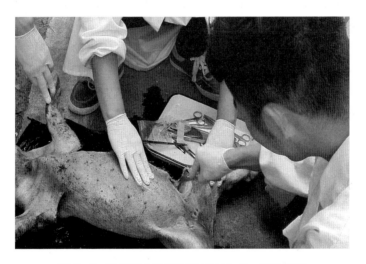

图5-5　体型较小的猪剖检固定方式：仰卧固定

脓等病变。

3. 打开腹腔

打开腹腔时注意不要戳破消化道。沿着肋骨的后缘向背侧切开，从胸骨直到背侧的脊柱，转向后直到腹腔的后缘，然后在转向腹腔，直到腹中线。此时不要碰触任何腹部器官以尽量减少污染。

检查要点：

① 注意肠道器官的位置，以确定是否出现肠扭转或扭曲。

② 观察腹腔中有无渗出液，渗出液的颜色、数量和性状，如怀疑异常可

用棉签及注射器收集渗出液。

③腹膜及腹腔器官浆膜是否光滑，肠壁有无黏连。

④检查肠系膜和胃肠淋巴结的大小、质地和出血情况。

⑤实质器官检查：肝脏、脾脏、肾脏、生殖器官、膀胱。

脾脏：检查脾门部血管和淋巴结，观察其大小、形态和色泽。包膜的紧张度，有无肥厚、梗死、脓肿及瘢痕形成。用手触摸脾的质地（坚硬、柔软、脆弱），然后做一两个纵切，检查脾髓、滤泡和脾小梁的状态，有无结节、坏死、梗死和脓肿等。以刀背刮切面，检查脾髓的质地。

肝脏：先检查肝门部的动脉、静脉、胆管和淋巴结，然后检查肝脏的形态、大小、色泽、包膜性状，有无出血、结节、坏死等，最后切开肝组织，观察切面的色泽、质地和含血量等情况，切面是否隆突，肝小叶结构是否清晰，有无脓肿、寄生虫性结节和坏死等。同时应注意胆囊的大小，胆汁的性状、量以及黏膜的变化。

肾脏：检查肾脏的形态、大小、色泽和韧度。注意包膜的状态，是否光滑透明和容易剥离。包膜剥离后，检查肾表面的色泽，有无出血、充血、瘢痕、梗死等病变。然后沿肾脏的外侧面向肾门部将肾脏纵切为相等的两半，检查皮质和髓质的厚度、色泽、交界部血管状态和组织结构纹理。最后检查肾盂，注意其容积，有无积尿、积脓、结石等，以及黏膜的性状。

膀胱：检查膀胱的外部形态，然后剪开膀胱检查尿量、色泽和膀胱黏膜的变化，注意有无血尿、脓尿、黏膜出血等。

生殖器官：检查睾丸和附睾的外形大小、质地和色泽，观察切面有无充血、出血、瘢痕、结节、化脓和坏死等。检查卵巢和输卵管时，先注意卵巢外形、大小，卵泡的数量、色泽，有无充血、出血、坏死等病变。观察输卵管浆膜面有无黏连，有无膨大、狭窄、囊肿；然后剪开，注意腔内有无异物或黏液、水肿液，黏膜有无肿胀、出血等病变；检查阴道和子宫时，除观察子宫大小及外部病变外，还要用剪刀依次剪开阴道、子宫颈、子宫体，直至左右两侧子宫角，检查内容物的性状及黏膜的病变。

⑥胃肠检查：所有腹部器官检查完毕后打开胃肠进行检测。

胃：先观察胃的大小，浆膜色泽，胃壁有无破裂和穿孔等，然后由贲门沿大弯至幽门剪开，检查胃内容物的数量、性状、气味、色泽、成分、寄生虫等。最后检查胃黏膜的色泽，注意有无水肿、出血、充血、溃疡、肥厚等病变。

肠：从十二指肠、空肠、大肠、直肠分段进行检查。先检查肠系膜、淋巴结有无肿大、出血等，再检查肠管浆膜的色泽，有无黏连、肿瘤、寄生虫结节等。最后剪开肠管，检查肠内容物数量、性状、气味，有无血液、异物、寄生虫等。除去肠内容物，检查肠黏膜的性状，注意有无肿胀、发炎、充血、出血、寄生虫和其他病变。

4. 打开胸腔

沿两侧肋骨与肋软骨交界处，切断软骨，再切断胸骨与膈和心包的联系，既可去除胸骨，暴露胸腔。

检查要点：

① 检查肋骨有无佝偻病或陈旧性骨折。

② 胸腔、心包腔有无积液及其性状，胸膜是否光滑，有无黏连等。

③ 进行胸腔检查时，分离咽、喉头、气管、食道周围的肌内和结缔组织，将喉头、气管、食道、心和肺一同采出。

肺脏：首先注意其大小、色泽、重量、质地、弹性，有无病灶及表面附着物等；然后用剪刀将支气管剪开，注意检查支气管黏膜的色泽、表面附着物的数量、黏稠度，最后将整个肺脏纵横切数刀，观察切面有无病变，切面流出物的数量、色泽变化等。

心脏：先检查心脏纵沟、冠状沟的脂肪量和性状，有无出血。然后检查心脏的外形大小、色泽及心外膜的性状。最后切开心脏检查心腔。方法是沿左纵沟左侧切口，切至肺动脉起始部；沿左纵沟右侧切口，切至主动脉起始部；然后将心脏反转过来，沿右纵沟左右两侧做平行切口，切至心尖部与左侧心切口相连接；切口再通过房室口至左心房及右心房。经过上述切线，心脏全部剖开。

检查心脏时，注意检查心脏内血液的含量及性状。检查心内膜的色泽、光滑度、有无出血，各个瓣膜、腱索是否肥厚，有无血栓形成和组织增生或缺损等病变。对心肌的检查，注意各部心肌的厚度、色泽、质地，有无出血、瘢痕、变性和坏死等。

5. 脑的检查

在头和第一椎骨之间切断脊骨，取下头部，首先从眼睛后侧横向切开，然后沿脊髓径直从矢状面切开，去除颅骨暴露出脑。检查脑时注意脑膜有无充血、出血、炎症等（图 5-6）。

6. 鼻甲骨检查

在第二前臼齿水平横向锯开口鼻部，鼻甲骨萎缩是萎缩性鼻炎的症状（图 5-7）。

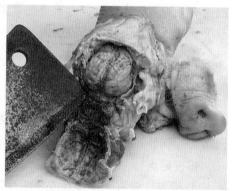

图5-6　猪大脑检查方法：从矢状面切开

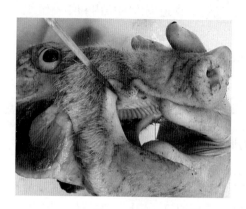
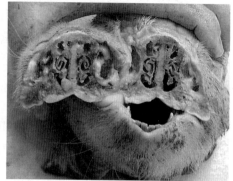

图5-7　鼻甲骨检查方法：第二前臼齿锯开，暴露出鼻甲骨

四、剖检后动物尸体处理

生猪栏内的病猪、死亡猪尸体及正常猪的废弃物等应做无公害化处理。

① 猪场出现病死猪后要严格按照兽医卫生的要求，不能剖检的坚决不予剖检，运出病猪圈后，圈舍要严格消毒。

② 病死猪不能出场，要就地深埋、投入干尸井或焚烧处理（图5-8、图5-9）。

③ 记录：对于病、死猪的无害化处理应有专门的人员进行记录，并保存3年。

图 5-8 动物尸体处理方法：焚烧

图 5-9 动物尸体处理方法：化尸

五、注意事项

① 必须在完成流行病调查和临床诊断的基础上，决定是否需要病理解剖，注意炭疽、破伤风等不得剖检。

② 需采集标本时，应按不同要求（无菌操作等）进行。

③ 病理解剖必须首先做好个人防护。

④ 剖检时间的选择：剖检应在病猪死后尽早进行，死后时间过长（夏天超过 12h）的尸体，因发生自溶和腐败而难判断原有病变，失去剖检意义。剖检最好在白天进行，因为灯光下很难把握病变组织的颜色（如黄疸、变性等）。

⑤ 剖检动物的选择：剖检猪最好是选择临床症状比较典型的病猪或病死猪。有的病猪，特别是最急性死亡的病例，特征性病变尚未出现。因此，为了全面、客观、准确了解病理变化，可多选择几头疫病流行期间不同时期出现的病、死猪进行解剖检查。

⑥ 如需要实验室化验，应准备好病料包装和保存设施。

⑦ 正确认识尸体变化。动物死后，受体内存在的酶和细菌的作用，以及外界环境的影响，逐渐发生一系列的死后变化。其中包括尸冷、尸僵、尸斑、血液凝固、溶血、尸体自溶与腐败等。正确地辨认尸体的变化，可以避免把某些死后变化误认为生前的病理变化。

⑧ 尸体及剖检场地处理：剖检前应在尸体体表喷洒消毒液，死于传染病的尸体，可采用深埋或焚烧。搬运尸体的工具及尸体污染场地也应认真清理消毒。

⑨ 在剖检中，如工作人员不慎割破自己的皮肤，应立即停止工作，先用清水冲洗，挤出污血，涂上碘酒，包敷纱布和胶布。若剖检中的液体（血液、分泌物、污水等）溅入眼内时，先用清水冲洗，再用 20% 硼酸水冲洗。

⑩ 剖检后，所用的工作服，胶靴等防护用具应及时冲洗、消毒。剖检用具要刷洗干净，消毒后保存。剖检人员要洗手、洗脸，用 75% 酒精消毒，如手仍有残留脓、粪等恶臭气味时，可用温的、较浓的高锰酸钾溶液浸泡，然后用 20% 草酸溶液洗手，褪去紫色，再用清水冲洗即可。

任务 3　疾病诊断检测

引起疾病的原因种类繁多，包括病毒、细菌、寄生虫、真菌及毒素，但是仅仅检测这些病原的存在并不能充分说明它们就是引发正在发生的具有特定临床症状的病原体，同时，某些病原体只在某种特定的情况下才能引起某种疾病。因此，对于某个病例的正确诊断应该进行综合性分析，包括群体的流行病学、临床症状、剖检变化、病例组织学变化及诊断实验的结果等。由于没有一种方法具有 100% 的敏感性和特异性，建议应用多重检测方法是十分必要的。

本书将会介绍用于猪病诊断和病原体检测的常用实验方法，仅供参考。

任务 4　细菌分离培养

细菌分离指的是复苏和鉴定临床样品中存在的细菌，这是一种常规的兽医实验室诊断技术，同时被认为是确定引起发病病例和致死病例具体细菌性病原菌的金标准。对于大多数猪病致病菌，应用需氧或者厌氧培养方法可以很容易的从临床样品中分离得到，多数临床相关病原在传统固体或液体培养基中可以生长。但是，某些临床的病原菌的生长还同时需要特殊培养基和特定的培养条件，如猪副嗜血杆菌。因此，为了分离得到致病菌，一份完整的临床病史以及详尽的与病料有关的大体病理变化描述对于指导致病菌的分离是十分必要的。

当确定猪致病菌种类时，表型和生化特性鉴定是非常必要的，如菌落的形态观察、革兰氏染色及生化反应试验等。但是，有些致病菌，如支原体生化试验并不能充分辨认其种类，这时还可以应用 16SrRNA 基因的测序完成鉴定。故一种细菌的确定需要多种鉴定方法。猪细菌性疾病的实验室诊断程序如下。

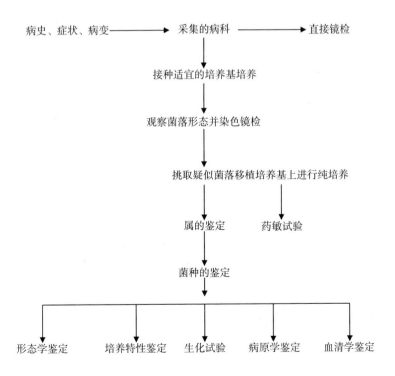

115

一、细菌分离培养方法

在接种和分离培养细菌时，常用接种环来蘸取细菌或标本，接种针则主要供作穿刺培养和挑取单个菌落之用。在使用接种环或接种针时，一般用右手以执笔式较为方便，左手可持培养基进行配合。

接种程序通常分为：① 灭菌接种环（针）；② 待冷；③ 蘸取细菌或标本；④ 进行接种；⑤ 灭菌接种环（针）5 个步骤。不同的培养基，接种方法不尽相同，生长现象也各异：若细菌在液体培养基中生长，可表现为液体均匀混浊、出现菌膜或沉淀等不同现象；若在固体培养基上生长，可观察到菌苔（斜面培养）或菌落（平板分离培养）；在半固体培养基中可见扩散生长或沿接种线生长。

1.分离培养法

临床上各种被检材料如脓、痰、血、便等除了含有待检的致病菌外，还常混杂有多种非致病菌。因此，需要进行分离培养以获得纯种细菌。常用的方法是平板分离培养法。平板培养的方法很多，现以分区划线接种法为例。此方法可通过划线分离，充分利用培养基表面，分离出单个生长的菌落。

① 在平板的底部用记号笔写上标本名称或编号、日期等记号。

② 右手握持接种环（执笔式）通过火焰灭菌，冷却后，取一接种环上述细菌混合液。

③ 再以左手握持平板培养基，使平板略呈垂直方向，并靠近火焰周围，以免空气中杂菌落入。然后将蘸有菌液的接种环，先在培养基一角涂成薄膜，涂膜面约占整个培养基表面 1/10 的①区。

④ 烧灼接种环，以杀死环上剩余的细菌，冷却后，将接种环再通过① 区

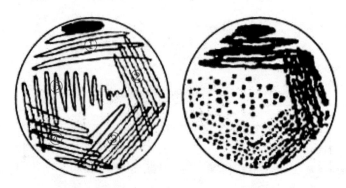

图5-10　平板分区划线分离法（左）及培养后菌落分布示意图（右）

薄膜处作连续划线（使环面与平板表面成30°～40°角，以腕力在平板表面进行划线，注意勿使培养基划破），划出约占总表面积1/5的②区，同法，再分别划出③区及④区、⑤区，注意⑤区勿与①区接触（图5-10）。

⑤ 将划好的平板倒置于37 ℃培养箱，培养18~24 h后观察菌落的形状、大小、边缘、颜色、湿润度、透明度等，比较两种菌落的差异（图5-11）。

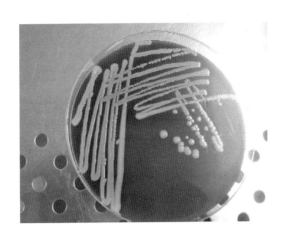

图5-11　细菌在固体培养基中的生长特征

2. 斜面培养基接种法

斜面培养基接种法一般用于纯培养。从平板上挑取单个菌落接种至斜面培养基上，培养后获得大量纯种细菌（有菌苔生长），可进一步对细菌进行鉴定或作为菌种保存。

① 左手持菌种管与待接种的培养管，将两管并列，略倾斜，琼脂的斜面部均向上。

② 右手持接种环，在火焰上烧灼灭菌，待冷。

③ 以右手掌与小指、小指与无名指分别拨取并挟持两管盖塞，将两管口迅速通过火焰灭菌。

④ 用无菌冷却了的接种环伸入菌种管，从斜面上刮取菌苔少许，立即移入待接种的培养基管，自斜面底部向上划一直线，然后再由底部向上蜿蜒划线（图5-12）。取出接种环，管口通过火焰灭菌，塞回盖塞，作好标记后培养。次日观察细菌菌苔生长情况。

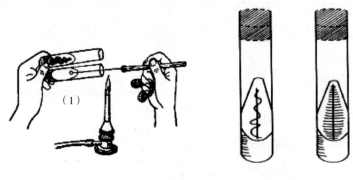

划线方法　　　　　　培养后菌苔分布

图 5-12　琼脂斜面接种法

3. 液体培养基接种法

液体培养基接种法，主要用于增菌培养或细菌鉴定。若接种于肉汤培养基，经 37 ℃培养 18~24 h 后，可观察细菌的不同生长现象。其他的液体培养基，如葡萄糖蛋白胨水、各种单糖发酵管等，接种后大多供测定细菌生化反应之用。

① 取接种环火焰烧灼灭菌，冷却。

② 按照上述"双管接种法"一样的操作手法，左手持细菌斜面菌种和肉汤培养基两支试管，右手持接种环，按无菌操作取少量细菌，在倾斜的管壁与液面交界处轻轻地研匀，试管直立时黏附管壁上的细菌浸入液体中，管口火焰灭菌，塞瓶塞，接种后放于 37 ℃温箱中培养 18~24 h 后取出。观察细菌在液体培养基中的生长现象（图 5-13）。

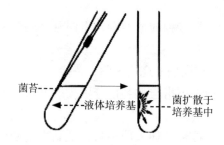

菌苔

液体培养基

菌扩散于培养基中

图 5-13　液体培养基接种法

4. 半固体穿刺接种法

半固体穿刺接种法，主要用于保存菌种或检查细菌有无动力，无动力的细菌在半固体培养基中沿穿刺线生长，有动力的细菌在半固体培养中呈扩散生长，甚至使培养基变得混浊。另外，此法也可用于细菌生化反应的检测，如接种于醋酸铅培养基，明胶培养基等。

① 将接种针经火焰烧灼灭菌冷却后，从斜面培养物上沾取细菌。

② 用无菌操作穿刺接种，将接种针刺入半固体培养基的正中央，深度达距管底0.5cm处为止，然后顺原路退出，穿刺时要直进直出（图5-14）。接种针经火焰灭菌后放回原处。

③ 管口经火焰灭菌后，塞回盖塞，培养于37℃18~24h后观察结果（图5-15）。

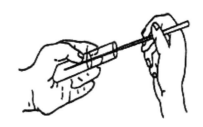

图5-14　半固体培养基穿刺接种法

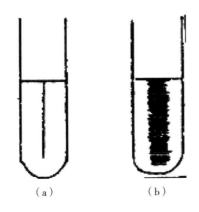

（a）　　　　　　（b）

图5-15　半固体培养基穿刺培养结果

（a）细菌沿穿刺线生长，细菌无动力
（b）细菌向周围扩散生长，培养基浑浊，细菌有动力

任务5 病毒分离培养

一、标本处理

1.标本采集

分离病毒的成功率与所采集的标本有很大关系，一般上呼吸道感染的畜禽以采集鼻喉分泌物为宜；肺部疾病以采集痰为宜；疱疹和水疱病以采疱疹液和痂皮为宜；尸体标本以采集感染器官为宜；疾病早期及急性期以采血为宜。采集样品如不能立即处理，则应低温保存，如保存于 $-20℃$ 或 $-70℃$ 备用。

2.标本处理

组织块可用剪刀剪碎并研磨，加入10倍体积含300~500IU/mL青、链霉素的生理盐水（PBS），反复冻融2~3次。棉拭子可直接混于3~5倍体积含300~500IU/mL青、链霉素的生理盐水（PBS），反复冻融2~3次。8 000rpm 离心15min，取上清液用 $0.22\mu m$ 滤膜过滤，透过液即为病毒原液，收集保存，短期保存4℃，长期保存用液氮。

二、病毒分离培养

病毒是一类个体微小、无完整细胞结构、含单一核酸（DNA或RNA）型、必须在活细胞内寄生并复制的非细胞型微生物，故病毒必须在活细胞内才能增殖，实验动物、鸡胚细胞都拥有大量活细胞，可用于病毒培养。尤其是SPF动物或SPF鸡胚，目前仍然供病毒培养之用，但是发展最快的技术是细胞培养。

1.动物接种

动物接种是最原始的病毒分离培养方法，常用小白鼠、田鼠、豚鼠、家兔及猴等。接种途径根据各病毒对组织的亲嗜性而定，可接种鼻内、皮内、脑内、皮下、腹腔或静脉。该实验方法不但操作繁琐，而且动物个体差异较大，所测得的结果不够稳定，需重复多做几次。对实验技术人员的操作要求也比较高。目前除了科研的需要，一般不用该法进行病毒的分离检测。

2.鸡胚接种

用受精孵化的活鸡胚培养病毒，根据病毒的特性可分别接种在鸡胚绒毛尿囊膜、尿囊腔、羊膜腔、卵黄囊、脑内或静脉内，如有病毒增殖，则鸡胚发生异常变化或羊水、尿囊液出现红细胞凝集现象，常用于流感病毒及新城疫病毒等的分离培养。该实验方法所需时间长，耗材大，试验条件要求高，适用于一些流行性病毒的实验室科研检测。

3. 细胞培养

细胞培养适于绝大多数病毒生长，是病毒诊断技术实验所用的主要方法，也是经典的方法之一。所用培养液是含血清（通常为胎牛血清）、葡萄糖、氨基酸、维生素的平衡溶液，pH 值 7.2~7.4 用于分离病毒的细胞有原代细胞、二倍体细胞或异倍体细胞。但用该法分离病毒所需时间长，而且需要有诊断某种病毒的敏感细胞系和熟练的操作技术。

三、细胞培养的方法

最常用的方法为静置培养及旋转培养，除了满足某些特定的需要，还可采用悬浮培养和微载体培养技术等。

静置培养：将消化分散的细胞悬液分装于培养瓶（管）或培养板（孔），封闭，静置于恒温箱内，数天后细胞可生产贴壁的单层细胞。

旋转培养：基本方法与静置培养基本相同，不同之处是要培养的细胞不是静置，而是使之不断缓慢旋转（5~10r/min），经过一段时间细胞可在培养瓶（管）的四壁长满单层。

悬浮培养：通过搅拌使细胞处于悬浮状态，并补充营养和校正 pH 值，使之生长或维持存活。

微载体培养：是在悬浮培养的基础之上，结合微载体的细胞培养技术。微载体是直径 35~100μm 的微小颗粒，对细胞无毒，细胞可贴附其上长成单层。

四、病毒增殖观察

将病毒接种至合适的细胞，可根据下现现象或指标判断细胞培养中是否有病毒的增殖。

1. 细胞病变（Cytopathogenic effect,CPE）

有很多种病毒在敏感细胞内增殖时，可引起具有一定特征的细胞病变，CPE 可在未固定、未染色的条件下用低倍镜观察，是判定病毒增殖的最常用指标。在观察 CPE 时应与正常细胞对照管进行比较，以免把正常细胞的衰变误认为是由病毒引起的 CPE。

2. 判定病毒在细胞内增殖的其他指标

有些病毒虽可在细胞培养中增殖，但不引起 CPE，必须利用其他方法做为病毒增殖的指标。

（1）红细胞吸附或病毒血凝实验　流感病毒和某些副黏病毒感染细胞24~48 h后，以细胞膜上出现病毒的血凝素，能吸附豚鼠、鸡等动物及人的红细胞，发生红细胞吸附现象。若加入相应的抗血清，可中和病毒血凝素、抑制红细胞吸附现象的发生，称为红细胞吸附抑制试验。这一现象不仅可作为这类病毒增殖的指征，还可作为初步鉴定。

（2）干扰现象　两种病毒在感染同一种细胞时，可发生一种病毒抑制另一种病毒复制。

（3）包涵体检测　可用染色法从感染的细胞培养物中检查病毒包涵体（如狂犬病毒的内基氏小体），是病毒感染易感细胞后，在细胞浆或细胞核内形成的特殊斑块。它可能是病毒的集团，也可能是病毒引起细胞的一种退行性变化。根据病毒种类不同，形成斑涵体的形状、大小、染色性（嗜酸性，嗜碱性）及在细胞中的位置都不同。

五、免疫学方法检测病毒

1.补体结合试验
利用补体无特异性，能与任何抗原抗体复合物结合，但不能与游离的抗原或抗体结合。

2.中和试验
根据抗体能否中和病毒的感染性而建立的免疫学试验。此方法须取双份血清（免疫血清及正常血清）同时做对比试验，病后血清的中和抗体效价也必须超过病初血清4倍以上才能确诊。

3.酶联免疫吸附试验（ELISA）
目前已广泛应用于多种细菌病和病毒病的诊断和检测。具体见任务3血清学实验。

4.免疫荧光法（1FA）
根据抗原抗体特异性结合的原理，将已知的抗体或抗原分子标记上荧光素，当与其相对应的抗原或抗体起反应时，在形成的复合物上就带有一定量的荧光素，以此作为探针检查细胞或组织内的相应抗原。在荧光显微镜下就可以看见发出荧光的抗原抗体结合部位，从而确定组织中某种抗原的定位，进而还可进行定量分析。

六、分子生物学方法

1.核酸分子杂交技术

该技术为分子生物学中最常用的基本技术，是 Hall 等于 1961 开始研究的。首先被广泛应用于基因克隆的筛选、酶切图谱的制作、基因序列的定量和定性分析及基因突变的检测等。是具有一定同源性的原条核酸单链在一定的条件下（适宜的温度及离子强度等）按碱基互补原则配成双链。杂交的双方是待测核酸序列及探针（probe），待测核酸序列可以是克隆的基因片段，也可以是未克隆化的基因组 DNA 和细胞总 RNA，其优点是高度特异性及检测方法的灵敏性。

2.聚合酶链反应技术（polymerase chain reaction，简称 PCR）

又称体外酶促基因扩增，是一种以核酸生物化学为基础的分子生物学诊断技术。是体外酶促合成 DNA 的一种技术。目前有传统的 PCR 方法、实时荧光定量 PCR 技术、逆转录 PCR（RT - PCR）、巢式 PCR（nPCR）等。

七、病毒培养注意事项

①采样过程应做好自身防护，烈性病不得随意分离。
②实验动物应及时焚烧或深埋等无害化处理，避免病毒扩散。
③纯化好毒种应及时做好扩毒并建立毒种库。

任务6　血清学实验

免疫学检测技术的用途非常广泛，可用于疾病诊断，疗效评价及发病机制的研究。如传染病、免疫增殖性疾病、免疫缺陷病、超敏反应、自身免疫病、移植排斥反应、肿瘤的免疫学检测，对诊断、治疗均有很大帮助。

一、血清学试验的类型

由于各种检测方法中所用的抗原抗体性状不同，出现结果的现象以及检测的方法也不同，通常将血清学试验按抗原抗体反应性质分为（表5-1）。

表 5-1 各类免疫血清学技术的敏感性和用途

反应类型及试验名称		敏感性（μg/mL）	用途		
			定性	定量	定位
凝集试验	直接凝集试验	0.01~	+	+	—
	间接凝集试验	0.005~	+	+	—
	乳胶凝集试验	1.0~	+	+	—
沉淀试验	絮状沉淀试验	3~	+	+	—
	琼脂免疫扩散试验	0.2~	+	+	—
	免疫电泳	3	+	+	—
	火箭免疫电泳	0.5~	+	+	—
补体参与的试验	补体结合试验	0.01~	+	+	—
标记抗体技术	免疫荧光抗体技术	—	+	—	+
	免疫酶标记技术	0.0001~	+	+	+
	放射免疫测定	0.0001~	+	+	+
	发光标记技术	0.0001~	+	+	—
中和试验	病毒中和试验	0.01~	+	+	—

（一）酶联免疫吸附试验（enzyme linked immunosorbent assay，ELISA）（抗体 ELISA 和抗原 ELISA）

多种 ELISA 检测方法广泛应用于群体动物健康的检测和疾病的诊断。ELISA 技术特别适合用于大量样本的快速分析，目前针对猪的重大疾病，市场上已经出现了各式各样的商品化 ELISA 试剂盒。ELISA 可以用来检测针对特定抗原的抗体（抗体 ELISA），还可以用来检测实际的抗原（抗原 ELISA）。ELISA 方法检测抗体的最大优势是快速、敏感、特异，一般用于群体检测。

基本原理：① 使抗原或抗体结合到某种固相载体表面，并保持其免疫活性。② 使抗原或抗体与某种酶连接成酶标抗原或抗体，这种酶标抗原或抗体既保留其免疫活性，又保留酶的活性。在测定时，把受检标本（测定其中的抗体或抗原）和酶标抗原或抗体按不同的步骤与固相载体表面的抗原或抗体起反应。用洗涤的方法使固相载体上形成的抗原抗体复合物与其他物质分开，最后结合在固相载体上的酶量与标本中受检物质的量成一定的比例。加入酶反应的底物后，底物被酶催化变为有色产物，产物的量与标本中受检物质的量直接相关，故可根据颜色反应的深浅程度定性或定量分析。由于酶的催化频率很高，故可极大地放大反应效果，从而使测定方法达到很高的敏感度。

（二）补体结合试验（complementfixationtest，CFT）

CFT 是利用免疫学方法来检测感染组织及体液中的抗原种类、测量自然感染或人工感染猪体内的抗体反应，以及分析相同种类病原体不同株或不同分型之间的抗原关系。

CFT 原理如下。

该试验中有 5 种成分参与反应，分属于 3 个系统：①反应系统，即已知的抗原（或抗体）与待测的抗体（或抗原）；②补体系统；③指示系统，即绵羊红细胞（SRBC）与相应溶血素，试验时常将其预先结合在一起，形成致敏红细胞。反应系统与指示系统争夺补体系统，先加入反应系统给其以优先结合补体的机会。

补体的作用为能与抗原—抗体复合物结合，但不能与抗原单独结合，也不易与抗体单独结合；补体的作用没有特异性，能与任何一组抗原抗体复合物结合。它能与红细胞（抗原）和溶血素（抗体）的复合物结合，引起红细胞破坏（溶血），也能与细菌、病毒成分及其相应抗体的复合物结合

如果反应系统中存在待测的抗体（或抗原），则抗原抗体发生反应后可结合补体；再加入指示系统时，由于反应液中已没有游离的补体而不出现溶血，是为补体结合试 验阳性。如果反应系统中不存在的待检的抗体（或抗原），则在液体中仍有游离的补体存在，当加入指示系统时会出现溶血，是为补体结合试验阴性（图 5–16）。因此补体结合试验可用已知抗原来检测相应抗体，或用已知抗体来检测相应抗原。

反应系统	指示系统	溶血反应	补体结合反应
Ag	C → EA	+	−
Ab	C → EA	+	−

反应系统	指示系统	溶血反应	补体结合反应
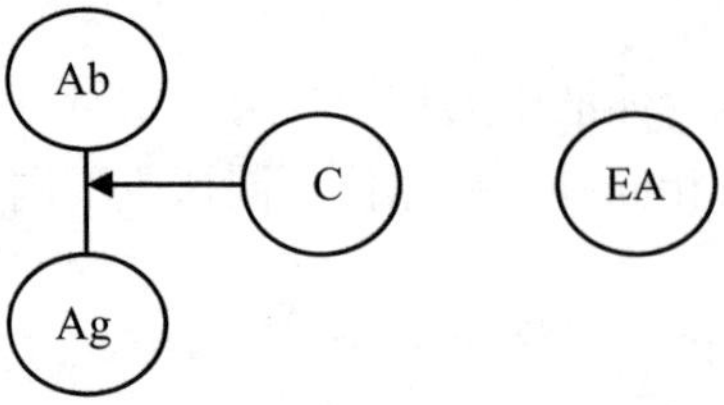		−	+

图 5-16　补体结合反应原理（续图）
Ab：抗体　Ag：抗原　C：补体　EA：致敏红细胞

补体结合试验参与反应的成分多，影响因素复杂，操作步骤烦琐并且要求十分严格，完成一次试验需要 2d 时间，所以在多种测定中已被 ELISA 方法所取代。

（三）免疫组织化学检测（immunohistochemistry，IHC）

IHC 又称免疫细胞化学，是指带显色剂标记的特异性抗体在组织细胞原位通过抗原抗体反应和组织化学的呈色反应，对相应抗原进行定性、定位、定量测定的一项新技术。它把免疫反应的特异性、组织化学的可见性巧妙地结合起来，借助显微镜（包括荧光显微镜、电子显微镜）的显像和放大作用，在细胞、亚细胞水平检测各种抗原物质（如蛋白质、多肽、酶、激素、病原体以及受体等）。该技术具有很高的敏感性和特异性，广泛应用于研究实验室和诊断实验室。

IHC 最显著的特点是该方法能够清晰的展示检测到的抗原与特异组织损伤的关系，还可以有针对性的鉴别某种抗原是否是假定疾病的病原。但由于在整个组织中抗原并不是均匀分布的，因此选择合适的样品十分重要。IHC 的检测方法要求具有高质量的抗体、最佳优化的固定以及针对合适的对照样品所确定的高度优化的染色方法。

（四）琼脂凝胶扩散实验（Agar-gel immunodiffusion）

琼脂凝胶扩散实验主要用于检测针对某种抗原抗体的存在，它既可以用于检测宿主接触的病原体种类，又可以检测病原体的血清型。目前在猪流感的血清学诊断中以及不同血清型副猪嗜血杆菌的诊断中被广泛应用。该方法具有便于应用和成本低的优点，使其仍然在实验室中被应用。

原理：琼脂凝胶免疫扩散是沉淀反应的一种形式，是指抗原抗体在琼脂凝胶内扩散,特异性的抗原抗体相遇后,在凝胶内的电解质参与下发生沉淀,形成可见的沉淀线。琼脂扩散实验可根据抗原抗体反应的方式和特性分为单向免疫扩散、双向免疫扩散、免疫电泳、对流免疫电泳、单向及双向火箭电泳实验。目前双向免疫扩散应用比较广泛(图5-17)。

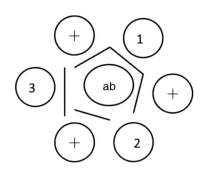

图5-17 双向扩散用于检测抗体

ab:两种抗原的混合物,+:抗b标准阳性血清,1、2、3:待检血清,
1:抗b阳性,2:阴性血清,3:抗a抗b双阳性血清

任务7 病毒血凝及血凝抑制试验

有些病毒具有凝集某种(些)动物红细胞的能力,称为病毒的血凝性,利用这种特性设计的试验称血球凝集(HA)试验,以此来推测被检材料中有无病毒存在,是非特异性的,但病毒的凝集红细胞的能力可被相应的特异性抗体所抑制,即血球凝集抑制(HI)试验,具有特异性。通过HA和HI试验,可用已知血清来鉴定未知病毒,也可用已知病毒来检查被检血清中的相应抗体和滴定抗体的含量。

目前血凝抑制试验常常用来进行SIV血清学检测,评估SIV毒株自体疫苗制剂的活性以及检测PPV和凝血性脑脊髓炎的抗体。

一、材料与试剂

①96孔"U"形或"V"形微量反应板、50μL定量移液器、滴头、微型振荡器。

②生理盐水、0.5%鸡红细胞悬液。

0.5%鸡红细胞制备方法:先用灭菌注射器吸取3.8%枸橼酸钠溶液(其

量为所需血量的 1/5），从鸡翅静脉或心脏采血至需要血量，置灭菌离心管内，加灭菌生理盐水为抗凝血的 2 倍，以 2000 r/min 离心 10 min，弃上清液，再加生理盐水悬浮血球，同上法离心沉淀，如此将红细胞洗涤三次，最后根据所需用量，用灭菌生理盐水配成 0.5% 鸡红细胞悬液。

③ 病毒液（尿囊液或冻干疫苗液）、阳性血清、被检血清。

二、实验内容及操作方法

（一）病毒凝集（HA）试验

① 在 96 孔微量反应板上进行，自左至右各孔加 50μL 生理盐水。

② 于左侧第 1 孔加 50μL 病毒液（尿囊液或冻干疫苗液），混合均匀后，吸 50μL 至第 2 孔，依次倍比稀释至第 11 孔，吸弃 50μL；第 12 孔为红细胞对照。

③ 自右至左依次向各孔加入 0.5% 鸡红细胞悬液 50μL，在振荡器上振荡，室温下静置后观察结果（表 5-2）。

表 5-2　病毒血凝试验的操作方法　　　　　　（单位：μL）

孔　号	1	2	3	4	5	6	7	8	9	10	11	12
病毒稀释度	1:2	1:4	1:8	1:16	1:32	1:64	1:128	1:256	1:512	1:1024	1:2048	对照
生理盐水	50	50	50	50	50	50	50	50	50	50	50	50
病毒液	50	50	50	50	50	50	50	50	50	50	50	
0.5% 红细胞	50	50	50	50	50	50	50	50	50	50	50	50
											弃 50	
结果观察	++++	++++	++++	++++	++++	++++	++++	+++	+	+	－	－

④ 结果判定：从静置后 10 min 开始观察结果，待对照孔红细胞已沉淀即可进行结果观察。红细胞全部凝集，沉于孔底，平铺呈网状，即为 100% 凝集（++++），不凝集者（－）红细胞沉于孔底呈点状。

以 100% 凝集的病毒最大稀释度为该病毒血凝价，即为一个凝集单位。从表 5-2 看出，该新城疫病毒液的血凝价为 1:128，则 1:128 为 1 个血凝单位，1:64、1:32 分别为 2、4 个血凝单位，或将 128/4=32，即 1:32 稀释的病毒液为 4 个血凝单位。

（二）病毒凝集抑制（HI）试验

① 根据 HA 试验结果，确定病毒的血凝价，配制出 4 个血凝单位的病

毒液。

② 在96孔微量反应板上进行，用固定病毒稀释血清的方法，自第1孔至第11孔各加50μL生理盐水。

③ 第1孔加被检鸡血清50μL，吹吸混合均匀，吸50μL至第2孔，依此倍比稀释至第10孔，吸弃50μL，稀释度分别为：1∶2、1∶4、1∶8……；第12孔加新城疫阳性血清50μL，作为血清对照。

④ 自第1孔至12孔各加50μL 4个血凝单位的新城疫病毒液，其中第11孔为4单位新城疫病毒液对照，振荡混合均匀，置室温中作用10min。

⑤ 自第1孔至12孔各加0.5%鸡红细胞悬液50μL，振荡混合均匀，室温下静置后观察结果（表5-3）。

表5-3　病毒血凝抑制试验的操作方法　　　　　　（单位：μL）

孔　号	1	2	3	4	5	6	7	8	9	10	11	12
血清稀释度	1∶2	1∶4	1∶8	1∶16	1∶32	1∶64	1∶128	1∶256	1∶512	1∶1024	病毒对照	血清对照
生理盐水	50	50	50	50	50	50	50	50	50	50	50	
被检鸡血	50	50	50	50	50	50	50	50	50	50		50
4单位病毒	50	50	50	50	50	50	50	50	50	50		50
室温中静置10 min												
0.5%红细胞	50	50	50	50	50	50	50	50	50	50	50	50
											弃去50	
结果观察	−	−	−	−	−	−	+	++	+++	++++	++++	−

⑥ 结果判定：待病毒对照孔（第11孔）出现红细胞100%凝集（++++），而血清对照孔（第12孔）为完全不凝集（−）时，即可进行结果观察。

以100%抑制凝集（完全不凝集）的被检血清最大稀释度为该血清的血凝抑制效价，即HI效价。凡被已知新城疫阳性血清抑制血凝者，该病毒为新城疫病毒。

从表5-3看出，该血清的HI效价为1∶64，用以2为底的负对数（−log2）表示，即6log2。

任务 8　药物敏感试验

一、定义

体外抗菌药物敏感性试验简称药敏试验（AST），是指在体外测定药物抑菌或杀菌能力的试验。

二、方法

① 纸片扩散法（Disk Diffusion Test）：Kirby-Bauer 法（K-B 纸片琼脂扩散法）和直接纸片药敏法，一般普遍使用的是纸片扩散法。

② 稀释法（Dilution Test）：琼脂稀释法和肉汤稀释法。

③ 抗生素浓度梯度法：E 试验（E-test）

三、纸片扩散法试验原理

将含有定量抗菌药物的纸片贴在已接种测试菌的琼脂平板上，纸片中所含的药物吸收琼脂中水分，溶解后不断向纸片周围扩散形成递减的梯度浓度。在纸片周围抑菌浓度范围内测试菌的生长被抑制，从而形成无菌生长的透明圈即为抑菌圈。抑菌圈的大小反映测试菌对测定药物的敏感程度，并与该药对测试菌的最低抑菌浓度（MIC）呈负相关关系，即抑菌圈愈大，MIC 值愈小（图 5-18）。

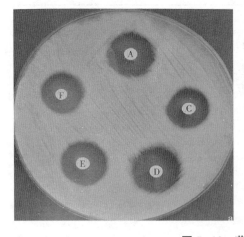
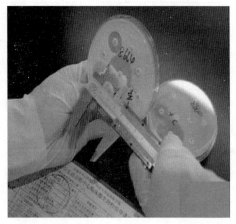

图 5-18　药物敏感试验

四、纸片扩散法操作步骤

第1步，无菌操作，取细菌培养物，用接种环在营养琼脂平板上密集均匀划线。

第2步，用无菌眼科镊子夹取各种抗菌药物纸片（在纸片上标记药物名或代号），然后轻轻贴在已经接种细菌的琼脂培养基表面，一次放好，不能移动，各纸片间的距离要大致相等。

第3步，倒置平皿，在37℃温箱中培养18~24 h。然后观察结果。

第4步，结果观察：用精确度为1mm的游标卡尺量取抑菌圈直径。根据美国国家临床实验室标准委员会（National Committee ClinicalLaboratory，NCCLS）标准，作出"敏感"、"耐药"和"中介"的判断。一般临床据纸片周围有无抑菌圈及其直径大小，确定细菌对抗生素等药物的敏感度。抑菌圈越大，说明该菌对此药敏感性越大，反之越小，若无抑菌圈，则说明该菌对此药具有耐药性。其直径大小与药物浓度、划线细菌浓度及药物种类等有直接关系。

五、药敏试验对猪场的意义

① 各种病原菌对抗菌药物的敏感性不同，即使同一细菌的不同菌株对不同抗菌药物的敏感性也有差异，药物敏感性试验用于测定细菌对不同抗菌药物的敏感度，或测定某种药物的抑菌（或杀菌）浓度，为临床选用有效的抗菌药物提供依据。

② 随着新型致病菌的不断出现，抗菌药的防治效果越来越差，且各种致病菌耐药性的产生使各种常用抗菌药物往往失去药效，以及不能很好地掌握药物对细菌的敏感度。

③ 监测耐药性，分析耐药菌变迁，掌握耐药菌感染病流行病学，控制和预防耐药菌感染发生和流行。

总之，药敏试验既可以提高治疗效果，又可以减少盲目用药造成的经济损失，对养猪生产有非常重要的意义。

任务 9　PCR 抗原检测技术

一、定义

PCR 技术又称聚合酶链式反应（polymerase chain reaction，PCR），是通过模拟体内 DNA 复制的方式，在体外选择性地将 DNA 某个特殊区域扩增出来的技术。

二、PCR 技术原理

DNA 在细胞中的复制是一个比较复杂的过程。参与复制的基本因素有：DNA 聚合酶、DNA 连接酶、DNA 模板、由引发酶合成的 RNA 引物、核苷酸原料、无机离子、合适的 pH 值，以及解开 DNA 的超螺旋及双螺旋等结构的若干酶与蛋白质因子等。

PCR 是在试管中进行 DNA 复制反应，基本原理与体内相似，不同之处是耐热的 Taq 酶取代 DNA 聚合酶，用合成的 DNA 引物替代 RNA 引物，用加热（变性）、冷却（退火）、保温（延伸）等改变温度的办法使 DNA 得以复制，反复进行变性、退火、延伸循环，就可使 DNA 无限扩增。将扩增产物进行电泳，经溴化乙啶染色，在紫外灯照射下一般都可见到 DNA 的特异扩增条带。

三、PCR 技术工作流程及注意事项

PCR 实验室的布局

PCR 只需几个 DNA 分子作模板就可大量扩增，应注意防止反应体系被痕量 DNA 模板污染和交叉污染，这也是最容易造成假阳性原因之一。实验室布局应重点考虑避免这种污染。因此用于 PCR 检测的实验室要进行功能区域划分，从对环境要求的严格程度和功能上可将 PCR 整个实验流程划分为四个区域。

（1）配液区（准备区）　储存试剂的制备、试剂的分装和主反应混合液的制备。

①在本区的实验操作过程中，必须戴手套并经常更换。

②操作中使用一次性帽子也是一个有效地防止污染的措施。

③工作结束后必须立即对工作区进行清洁。

④ 实验室及其设备的使用必须有日常记录。

（2）模板提取区　标本保存、核酸（RNA、DNA）提取、贮存及其加入至扩增反应管和测定 RNA 时 cDNA 的合成。

① 为避免样本间的交叉污染，加入待测核酸后，必须盖好含反应混合液的反应管。

② 对具有潜在传染危险性的材料，必须有明确的样本处理和灭活程序。

③ 样本处理对核酸扩增有很大影响，必须使用有效的核酸提取方法。

（3）PCR 扩增区　DNA 或 RNA 扩增。

（4）电泳区　扩增片段的测定。

本区是最主要的扩增产物污染来源，因此必须注意避免通过本区的物品及工作服将扩增产物带出。

本区有可能会用到某些可致基因突变和有毒物质如溴化乙啶、丙烯酰胺、甲醛或同位素等，应注意实验人员的安全防护。

四、PCR 操作程序

1. PCR 扩增模板的制备是（病原微生物基因组提取）

（1）样品的采集及前处理

① 组织脏器：取待检样品 0.05 g 于已洗净、灭菌并烘干的研钵中充分研磨，加 2mL PBS 混匀，取上清转入无菌离心管中备用。

② 血清、血浆、乳汁、精液或组织渗出液则直接取用。

（2）提取模板　目前有商业化试剂盒应用。

提取病原微生物基因组是 PCR 操作成功关键的一步，特别是病原 RNA 的提取显得非常重要。一般分为两步。

① 裂解病原微生物，使病原基因组从病原体溢出。

② 纯化病原基因组，去除蛋白质和一些盐类。

2. PCR 扩增（目的基因特异扩增过程）

扩增程序实际上是一个 3 种不同温度的热循环程序。包括 3 步。

① 高温变性：将病原微生物基因模板 94 ℃ 条件下，使得双链 DNA 分子变成单链 DNA。有利于下一步的引物结合。

② 低温退火：在 40~60℃ 条件下，使引物与单链 DNA 结合过程。便于下一步新 DNA 链形成。

③ 适温延伸：在 72 ℃ 条件下，沿引物合成新的 DNA 链。

3. 琼脂糖凝胶电泳分析（在紫外灯下检测基因片段）

扩增基因片段需要进行琼脂糖凝胶电泳分析，依据扩增 DNA 片段在电泳中迁移的距离判定其大小，与已知扩增基因片段相比较来判定 PCR 扩增效果。

在进行琼脂糖凝胶电泳分析时，一般情况下先在凝胶中加 1% 溴化乙啶（EB，每 100mL 加 10μL）然后将已经制备好的 1%~2% 琼脂糖凝胶（用电泳缓冲液配制）放入电泳槽内，加入待检样品，同时用分子量标准品作标记。待检样品进入凝胶内溴酚蓝迁移 2~3cm 后，切断电源，取出凝胶在紫外灯下观察结果。

由于 EB 可与双链 DNA 形成结合物，在紫外灯下能发射荧光，使 EB 的荧光强度增强 80~100 倍，所以，电泳后凝胶在紫外灯下可直接观察（图5-19）。

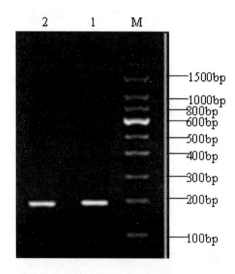

图 5-19　PCR 结果

1、2：PCR 产物（5μL 样品）

M：15000bp marker

任务 10　金标快速检测卡诊断技术

一、抗体检测

在畜牧业生产中，为减少猪病的发生和流行，除加强猪场的隔离消毒，减少环境中的病毒，还必须指定合理的免疫程序，使得猪体内长期保持抵抗猪病强毒攻击的有效抗体，而要了解猪体内的有效抗体水平，就必须开展猪病免疫抗体水平监测。目前国内对猪病抗体水平检测方法很多，如 ELISA 检测法、DOT-ELISA 检测法和间接血凝法等，这些检测方法虽然具有微量、特异的优点，但需要条件较好、设备齐全的实验室，对操作人员要求专业性高，而且检测程序烦琐，一次检测至少需要 6 h。不适合于缺少仪器设备和专门技术人员的基层兽医站、养猪场的使用。

近年来，随着胶体金免疫层析技术及生化制备技术的发展，在人医上用胶体金免疫层析法检测血清中各种抗体已成为现实。目前，猪病（猪瘟病毒、猪蓝耳病病毒、猪伪狂犬病毒、猪口蹄疫病毒、圆环病毒）抗体免疫金标快速检测卡就可以在很短的时间内检测出猪只接种猪病（如猪瘟）疫苗后，猪体是否产生有效抗体、为当前最新检测手段，且该方法操作简便，不需要任何仪器设备及复杂的样品处理，检测一个样品只需 15~20 min，结果显示直观，重复性好，容易判定，非常适应基层兽医站、兽医门诊和各养猪场开展疫病的监测及区域性疫病普查。

例 1：猪口蹄疫抗体金标快速检测卡（图 5-20）

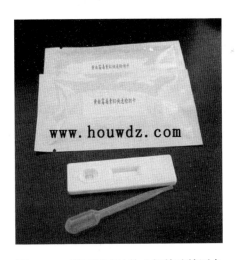

图 5-20　猪口蹄疫抗体金标快速检测卡

【产品用途】

本检测卡采用免疫原理和胶体金免疫层析技术制成快速检测猪血液或血清中的猪口蹄疫抗体。检测时间仅需 3~15min，操作简便、快速、结果准确、直观、灵敏度高、容易判定。当猪口蹄疫抗体滴度达到能抵御口蹄疫强毒攻击时，在检测区和对照区各形成一条色线，则视为阳性，抗体滴度越高，检测线颜色越深；当猪口蹄疫抗体滴度达不到抵御口蹄疫强毒攻击的抗体滴度时，只在对照区形成一条色线，则视为阴性。本卡附带一张"金标试纸与正相间接血凝试验实物参照图"，将检测线的颜色深浅与参照图对照，便可粗略估计样品抗体的滴度高低。

【操作步骤】

①打开包装袋，取出检测卡平放在桌面上，并做好标记。

②在检测卡的加样孔内加入 2~3 滴待检血液或血清样品。

③在 3~15 min 内观察和记录结果，超过 15 min 的结果只能作为参考。

【结果判定】见图 5-21。

阳性：在检测区（T）和对照区（C）各出现一条紫红色线。检测线颜色越深，表明口蹄疫抗体滴度越高。

弱阳性：在检测区（T）和对照区（C）各出现一条紫红色线，但检测线颜色很浅。

阴性：只在对照区（C）出现一条紫红色线。

无效：都不出现紫红色线或只在检测区（T）出现紫红色线，对照区（C）不出现紫红色线。

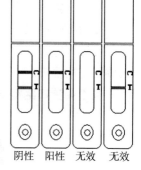

阴性　阳性　无效　无效

图 5-21　检测结果判定

【结果参考】

①强阳性结果说明猪口蹄疫抗体滴度较高，暂时不必进行口蹄疫疫苗的接种免疫。

②弱阳性结果说明猪口蹄疫抗体滴度只达到抵抗口蹄疫强毒攻击的最低保护水平，这时应及时进行口蹄疫疫苗接种。

③阴性结果说明机体内无猪口蹄疫抗体或抗体水平低于抵抗口蹄疫强毒攻击的最低保护水平，如果动物群体健康，应及时进行口蹄疫疫苗接种。如果动物群体已有个别动物出现疑似口蹄疫时，则可作为诊断猪口蹄疫的一个参考依据。

【注意事项】

①请严格按照说明书要求进行操作和结果判定。

②检测样品可以是猪血液或血清。

③检测卡从铝箔袋取出后应尽快使用，尽量避免长时间放置在空气中，否则吸潮后将失效。

④ 检测环境应保持一定的湿度，避风和避免在过高温度下进行操作。

⑤ 检测卡在室温下保存，如在 2~8 ℃冷藏，使用时需平衡至室温后方可打开包装进行检测操作。

【包装规格】

单头份铝箔袋包装（内含检测卡、吸管和干燥剂）；20 头份 / 盒

【贮藏和有效期】

3~30 ℃，避光干燥处贮存，有效期 12~18 个月。

例 2：猪瘟抗体快速检测试剂盒（胶体金法）

【名称】

通用名称：猪瘟抗体快速检测试剂盒（胶体金法）

英文名称：Rapid Anti–CSFV Test

汉语拼音：Zhuwen Kangti Kuaisu Jiance ShijiHe（Jiaoti Jin Fa）

【用途】

用于检测猪血清 / 血浆 / 全血样品中猪瘟（Classical Swine Fever, CSF）抗体。

【实验原理】

猪瘟抗体快速检测试剂盒（胶体金法），系采用胶体金免疫层析技术，检测样品（血清、血浆或全血）中猪瘟抗体的方法。在玻璃纤维纸上预包被金标记灭活猪瘟抗原（Au–Agl），在硝酸纤维素膜上检测线和对照线处分别包被猪瘟抗原（Ag2）和兔抗猪瘟抗体。当检测样品为阳性时，样品中猪瘟抗体与胶体金标记猪瘟抗原（Au–Ag1）结合形成复合物，由于层析作用复合物沿纸条向前移动，经过检测线时与预包被的猪瘟抗原（Ag2）形成"Au–Ag1– 猪瘟抗体 –Ag2– 固相材料"免疫复合物而凝聚显色，游离金标记抗原则在对照线处与兔抗猪瘟抗体结合而富集显色。阴性样品则仅在对照线处显色。操作简便，快速，结果直观、准确，灵敏度高，容易判定。

【试剂盒组成】

① 猪瘟抗体检测卡 50 头份

② 说明书 1 份

③ 一次滴管 50 根

【操作方法】

① 用 1.5mL 样品管，采血 0.5~1mL 待检测血清自然析出或用离心机离心 10min 左右，使血清析出。

② 将检测卡平置于桌面上，用吸管吸取被检血清，在检测卡的椭圆形加样孔内加入 2 滴约 80~100μL。在室温下反应 20 min 判定结果。（检测卡如在

4 ℃保存，必须恢复至室温后方可进行检测）

【结果判定】

阳性：对照线区（C）和检测线区（T）各出现一条紫红色线。检测线（T）的颜色越深，表明猪瘟抗体的滴度越高。

阴性：只有对照线区（C）出现一条紫红色线。

无效：未出现紫红色线或只在检测区（T）出现紫红色线，对照线区（C）未出现紫红色线。

【诊断参考】

被检样品加样后 20 min 可与对照卡的色带滴度进行参考比较。

① 当被检样品检测线（T）条带的色泽≥对照卡中 1∶32 效价时，说明检测样品中猪瘟抗体的滴度较高，暂不需要进行猪瘟疫苗的接种免疫。

② 当被检样品检测线（T）条带的色泽＜对照卡中 1∶32 效价时，说明检测样品中猪瘟抗体效不能抵御猪瘟强毒攻击的最低保护滴度，为进行猪瘟疫苗接种时间。

③ 当被检样品检测线（T）处无明显色带出现，说明被检测样品中没有猪瘟抗体。如果猪群健康应当及时进行猪瘟疫苗接种。

【贮存及有效期】

2~30 ℃，密封干燥，有效期 18 个月。

【产品特点】

① 方便：肉眼判断、无需仪器、操作简单。

② 快速：5~20min 即可出结果，有利于疫情的快速鉴别和免疫水平监测。

③ 用途：适合于各级防检部门、猪场、兽医站广泛使用。

二、抗原快速检测

例：猪瘟病毒抗原快速检测试剂盒（胶体金法）

【实验原理】

猪瘟病毒抗原快速检测试剂盒（胶体金法）采用胶体金免疫层析技术，在玻璃纤维纸上预包被金标记鼠抗猪瘟病毒单克隆抗体（Au-Ab1），在硝酸纤维素膜上检测线和对照线处分别包被鼠抗猪瘟病毒单克隆抗体（Ab2）和羊抗鼠IgG，检测样品为阳性时，样品中的猪瘟病毒抗原（Ag）可与包被在试纸条前端的胶体金标记的鼠抗猪瘟病毒单克隆抗体（Au-Ab1）结合，形成免疫复合物，由于层析作用，复合物沿膜带向前移动，经过检测线时与预包被的鼠抗猪瘟病毒单克隆抗体（Ab2）形成"Au-Ab1-Ag-Ag2-固相材料"免疫复合物而凝聚显色,游离金标记抗体在对照线处与羊抗鼠 IgG 体结合而富集显色。阴性样品则仅在对照线处显色。检测时只需将血清 / 血浆 / 全血加在检测卡的加样孔内,操作简便、快速,结果直观、准确,灵敏度高,容易判定

【试剂盒组成】

①猪瘟抗原检测卡 50 头份。

②说明书 1 份。

③一次滴管 50 根。

【试验方法】

①将检测卡从铝箔袋中取出,水平放置并做好标记。

②在检测卡的加样孔内加入 2 滴(70~100μL)待检血清 / 血浆 / 全血标本。

③20min 内观察并记录实验结果。

【结果判定】

阳性:对照线区(C)和检测线区(T)各出现一条紫红色线。

阴性:只有对照线区(C)出现一条紫红色线。

无效:未出现紫红色线或只在检测区(T)出现紫红色线,对照线区(C)未出现紫红色线(图 5-22)。

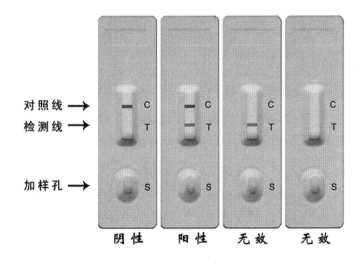

图 5-22　结果判定

任务 11　细菌涂片标本的制作及染色

染色是细菌学上一个重要而基本的技术。细菌的细胞小而透明，在普通的光学显微镜下不易识别，必须对它们进行染色。染色后能识别细菌不同形态、结构、染色特性等，能鉴别细菌染色方法有单染法和复染法，单染法应用一种染料使细菌着色，用以观察细菌的大小、形态和排列；复染法使用两种或两种以上的染料，有助于鉴别细菌，故又称鉴别细菌染色法，革兰氏染色法为最常用复染色方法。

一、细菌涂片的制备

要进行细菌染色，首先需要制备细菌涂片，制片的一般过程分为涂片、干燥和固定三个步骤。

（一）载玻片处理

载玻片应清晰透明，清洁而无油渍，滴上水后，能均匀展开，附着性好，如有残余油渍，可滴上 95% 酒精 2~3 滴，用清洁纱布擦拭，然后以钟摆速度通过酒精灯焰 3~4 次。

若上法仍未能除去油渍，可再滴上 1~2 滴冰醋酸，用纱布擦净，再在酒精灯火焰上轻轻拖过。

玻片洁净后，用玻璃铅笔在预涂材料处的背面划一个直径 1.5cm 的圆圈，用以标记。

（二）涂片方法

（1）菌落涂片方法　涂片时，左手握菌种管，右手持接种环（又称铂金耳）取 1~2 环生理盐水，置于载玻片上，然后将接种环在火焰上灭菌，待冷后，从菌种管内钓取少许菌落，置于生理盐水中混匀，涂成直径 1.5cm 的涂膜，此膜既薄又均匀为好，待干即成。

（2）菌液涂片法　用灭菌接种环沾取菌液（液体培养物、血清、乳汁、组织渗出液等）1~2 接种环，均匀涂抹在载玻片上，使成直径为 1.5cm 左右圆形或椭圆形涂膜，自然干燥后备用。

（3）血液涂片方法　先取一张干净无油垢边缘整齐的载玻片，其一端沾取少许血液，以 45°角放在另一张干净无油垢的载玻片一端，从这端向另一端推成薄而均匀的血膜，待干后备用。

（4）组织涂片方法 先用镊子夹持组织局部，然后以灭菌剪刀剪取一小块，夹出后以其新鲜切面在载玻片上压印或涂成一薄层。

具体过程见图 5-23。

4

3

6

5

图 5-23 细菌涂片的制备过程

（三）干燥

涂片最好在室温中自然干燥。必要时可将标本面向上，在离酒精灯火焰远处烘干，切勿紧靠火焰，以免标本糊焦而不能检查。

（四）固定

有两种固定方法。

（1）火焰固定 将已干燥好的抹片，使涂面向上，以钟摆速度通过酒精灯火焰 4 次，使固定后的标本触及皮肤时，稍感烧烫为度。放置冷却后，进行染色。

（2）化学固定 血液、组织脏器等抹片作姬姆萨氏染色或单染色时，不用火焰固定而用甲醇固定，可将已干燥的抹片浸入甲醇中 2~3min，取出晾干；

或者在抹片上滴加数滴甲醇使其作用 2~3min 后，自然挥发干燥，抹片作瑞特氏染色时则不必作特别固定，染色液中含有甲醇可以达到固定目的。

抹片固定的目的是：

① 使菌体蛋白质凝固附着在载玻片上，以防染色过程中被水冲掉。

② 改变细菌对染料的通透性，因活细菌一般不允许染料进入细菌体内。

③ 能杀死抹片中的部分微生物。

必须注意，在抹片固定过程中，实际上并不能保证杀死全部细菌，也不能完全避免在染色水洗时不将部分涂抹物冲掉。因此，在制备烈性病原菌，特别是带芽孢的病原菌抹片和染色时，应严格处理染色用过的残液和抹片本身，以免引起病原的散播。

二、染色

（一）单染色法

只应用一种染料进行染色的方法，如美蓝染色法。

美蓝染色法：在已干燥、固定好的抹片上，滴加适量的（足够覆盖抹片点即可）美蓝染色液，经 1~2min，水洗，沥去多余的水分，吸干或烘干（不能太热），然后镜检。

（二）复染色法

应用两种或两种以上的染料或再加助染剂进行染色的方法。染色时，有些是将染料分别先后使用，有些则同时混合使用，染色后不同的细菌和物体或者细菌结构的不同部分，可以呈现不同颜色，有鉴别细菌的作用，又可称为鉴别染色，如革兰氏染色法、抗酸染色法、瑞特氏染色法和姬姆萨氏染色法等。

1.革兰氏染色法

① 在已干燥，固定好的抹片上，滴加草酸铵结晶紫染色液，经 1~2min，水洗。

② 加革兰氏碘液于抹片上媒染，1~3min，水洗。

③ 加 95% 酒精于抹片上脱色，约 30s 至 1min，水洗。

④ 加 10 倍稀释石炭酸复红液复染 1~2min，水洗。

⑤ 吸干或烘干，镜检。革兰氏阳性细菌呈蓝紫色，革兰氏阴性细菌呈红色。

2.抗酸染色法

① 在已干燥，固定好的抹片上滴加较多量的石炭酸复红染色液，将玻片

置酒精灯火焰上缓缓加热，至产生蒸汽即止（不要煮沸），维持微微产生蒸汽，经 3~5min，水洗。

　② 用 3% 盐酸酒精脱色，直至标本无颜色脱出为止，充分水洗。

　③ 用美蓝染色液复染约 1min，水洗。

　④ 吸干或烘干，镜检。抗酸性细菌呈红色，非抗酸性细菌呈蓝色。

3.瑞特氏染色法

　抹片自然干燥后，滴加瑞氏染色液于其上，为了避免很快变干，染色液可稍多加些，或者看情况补充滴加，经 1~3min，加约与染液等量的中性蒸馏水或磷酸盐缓冲液，轻轻晃动玻片，使与染液混匀，经 3min 左右，直接用水冲洗（不可先将染液倾去），吸干或烘干，镜检。细菌染成蓝色，组织、细胞等呈其他颜色。

4.姬姆萨氏染色法

　① 于 5mL 新煮过的中性蒸馏水中滴加 5~10 滴姬姆萨氏染色液原液，即稀释成为常用的姬姆萨氏染色液。

　② 抹片经甲醇固定并干燥后，在其上滴加足量的染色液或将抹片浸入盛有染色液的染色缸中，染色 30min，或染色数小时至 24h，取出水洗，吸干或烘干，镜检。细菌呈蓝青色，组织、细胞等呈其他颜色。视野常呈淡红色（图 5-24）。

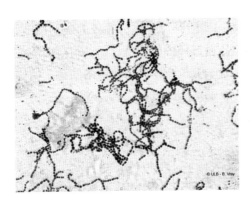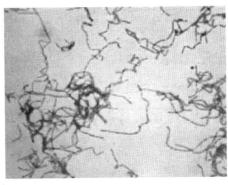

图 5-24　细菌染色

三、镜检

显微镜油镜的使用及保护

　普通光学显微镜的接物镜有低倍镜、高倍镜及油浸镜三种，检查细菌等微生物时常用油浸镜（100 倍）。

（1）对光　以天然光为光源时，应用平面反光镜。采用人工灯光或弱光则应用凹面反光镜，检查未染色标本宜用弱光，将集光器降低，光圈缩小；检查染色标本应将集光器升高，光圈打开。

（2）观察　将待检标本放置载物台上用固定器固定，先用低倍镜找到标本所在处，再换油镜观察，使用油镜时，须在载玻片上滴香柏油1滴，用眼睛从侧面看镜头，并扭动粗调器使镜筒下降，油镜头浸入油内接近标本表面，但不要碰到玻片。（由于显微镜的制式不同，有些显微镜的调节器旋转时是升降载物台，所以，在操作前应明确显微镜的调节方向）。然后眼睛转移到目镜处观察，一面再将粗调节器向反时针方向转动使镜筒上升，看到模糊物象时，再换用细调节器，转动到物象完全清晰为止。

（3）保护　显微镜是精密的光学仪器之一，要特别注意保护。

① 物镜及目镜须经常保持清洁，特别是油镜使用完毕，应立即用擦镜纸擦去镜头上的油；若油干结，可沾少许镜头清洁剂擦净，再用擦镜纸擦干。

② 显微镜用毕，应将物镜转成八字形，集光器稍下降后，返还显微镜室。

任务 12　疾病诊断原则

正确认识疾病，掌握其发生发展规律，才能制订合理、有效的防制措施。临床诊断是对动物所患疾病的诊查和判断。通过详细的诊查，而获得全面的症状、资料；再经过对有关症状和资料的综合、分析，以弄清疾病的实质。所以诊断的过程，也就是诊查、认识、判定和鉴别疾病的过程。

一、正确诊断是有效治疗的先导

（一）全面真实的调查病史、收集临床症状和资料

病史、症状和其他相关资料（如治疗情况、当地疫病流行情况等），是认识疾病的基础和建立诊断的依据。因此全面、系统地收集症状和材料，是诊断疾病的重要步骤。

要全面真实的收集临床症状和相关资料，兽医工作者应当具备熟练的临床检查方法和掌握正确的诊查程序。在今天，随着科学技术的不断发展，在传统的"望、闻、问、切"的基础上，又不断有新的方法、手段和仪器逐渐充实或代替过去的检查方法。因此这对于兽医工作者就有以下要求。

① 不断地学习。不仅需要学习和掌握基本的临床检查方法，还必须掌握现代科学的检测手段，包括科学的理论，正确的临床操作技术和方法等。

② 熟悉各种动物正常的生理结构和机能状态，以及在外界不同因素影响下所表现的可能变化，这是全面分析、正确判定畜禽疾病的基础。

在运用不同方法对临床疾病进行诊断之前需要拟定详实可行的检查程序和方案，可以保证收集全面的临床症状和增加收集症状的客观性，可以发现始料不到的现象，如继发病、并发症等，应翔实记录、客观分析、严谨思考。当然，我们也不能在任何情况下都一成不变的机械搬用，而是应该根据不同动物、不同环境和条件下具体的、灵活的运用。如病情危急时，我们必须先进行必要的抢救，然后再进行系统的检查。

（二）收集临床症状并正确分析

通过系列的诊断方式和手段，收集临床症状和相关病史、资料，将错综复杂的症状和资料进行整理、归纳、综合、分析，判定症状的主次性，为疾病的诊断和判定提供依据。在整理分析中需分清以下症状。

（1）示病症状和特殊症状　某些疾病所特有的症状，如牙关紧闭、四肢强直呈"木马状"是破伤风的示病症状，鸡拉"血粪"是球虫病的特殊症状。

（2）局部症状和全身症状　临床中明显的局部症状可以确定主要的患病器官，而全身的症状又可以预测疾病的发展趋向。因此，需准确分析和判定临床中哪些是局部症状，提示的病变部位是哪些相应的系统、组织或器官；分析全身症状，明确疾病的现状及发病动物机能状态以及预后疾病的发展趋向，从中获得治疗疾病的基本原则和思路。

（3）综合征候群　某些症状互相联系而又同时或相继出现，即综合征候群。如体温升高，精神沉郁或兴奋，呼吸、心跳及脉搏频率增多，食欲减少（有时还出现蛋白尿）等症状相继出现，称为发热综合征候群。在收集症状和全部资料之后，加以归纳，组成综合征候群，各种征候群，在提示某一器官、系统疾病或明确疾病的性质上具有重要意义，对提示诊断或鉴别诊断有实用价值。

（4）前驱（先兆）症状和后遗症状　主要症状尚未出现之前最早出现的征象，称为前驱症状。原发病已基本治愈，遗留下的某些不正常现象称为后遗症。

（三）建立科学的诊断

收集病史、临床症状和其他相关资料只是建立诊断的第一步，对症状和资

项目五　兽医实践

145

料进行整理和分类是为科学准确的诊断打下基础。因此建立科学准确的诊断，是疾病治疗成功与否的关键。

（1）完整的诊断　应在全面收集症状的基础上逐步做到：发现病变部位，尤其是主要病损器官和部位→判定疾病的性质→明确致病的原因→阐明发病的机理→判定预后。

（2）诊断一般以病名来表示　按其内容，可分：症状诊断（如贫血）、病理解剖学诊断（如小叶性肺炎）、机能诊断或病理生理学诊断（如心功能不全）、发病病理诊断（如变态反应性皮炎）、病原学诊断（如猪瘟）。

（3）诊断分析的具体方法

① 论证诊断法：将实际所具有的症状、资料，与所提出的疾病所应具备的症状、条件，加以比较、核对、证实。

② 鉴别诊断法：通过深入的分析、比较，采用排除诊断法逐渐地排除可能性较小的疾病，缩小考虑的范围，最后留有一个或几个可能性较大的疾病。

两种方法相互补充、相辅相成，正确运用两种方法将提高疾病诊断的准确性。

二、诊断必须完整，包括可靠的推断预后

在明确的诊断之后，根据疾病的性质、程度、病期及疾病的复杂性等结合病畜的品种、年龄、生理状态、营养状况和用途等个体条件综合判定所患疾病的发展趋势和可能结局作可靠的预后诊断。一般来说，预后可分为四类：预后良好、预后不良、预后慎重、预后可疑。

可靠的预后，必须建立在正确诊断的基础之上，不能单纯依靠疾病本身去孤立地判断，还要充分考虑具体病例的个体条件及可能采取的治疗方法和实际手段。在病程经过中，更应随时注意其新的变化。判断预后要严肃认真、实事求是，持科学态度。不将小病夸大，或重病说轻。愈后良好，也不能盲目乐观；愈后不良，也不要草率了事。要如实向畜主说清情况，取得合作和支持。

三、诊断需具备科学求实的态度

每一例病例诊断都必须完整真实的收集相关资料，以客观求实的态度整理，进行准确真实的诊断，最后必须通过防治实践的实际效果，去验证和充实、完善初步诊断。

从业者（兽医工作者）必须认真学习，掌握正确诊断的方法，提高诊断水平；不断总结经验，并认真分析错误诊断的原因，积极加以改进。

1.正确诊断所具备的主要条件

首先必须以全面而真实的症状、材料作为依据。这要求必须详尽的收集临床症状、相关资料，并辅以多方面的检查，以形成全面而真实的症状、材料。其次必须用辩证唯物主义的观点做指导。只有用发展和正确的观点作指导，才能对病程作动态的分析，以取得最后的正确结论。

2.导致错误诊断的因素

疾病因素：如疾病临床症状不典型或异常复杂；客观因素：如时间紧迫、手段落后等；患畜或畜主原因：如病畜骚动不安而难于检查，畜主提供错误信息影响判断等；兽医工作者本身原因：如检查方法不熟练或不准确，信息收集不全面，对收集材料整理不细致及不客观，判定疾病经验不丰富等。

兽医工作者只有不断学习和总结，集思广益，并克服粗心大意、不负责任的不良习惯和自满、主观的不良作风，对工作认真、负责，深入、仔细，并善于虚心学习，不断提高自己的业务工作能力，才能更好地准确诊断畜禽疾病。

任务 13　疾病一般防治原则

临床诊断只是防治疾病的一个基本过程，最终目的是指导合理用药、有效治疗，以控制疾病的进一步发生、发展，减少畜牧业经济损失，达到以最低成本创造最高效益的目的。

一、贯彻预防为主、防治结合的原则

在临床疾病治疗过程中，我们必须贯彻预防为主、防治结合的原则。尤其是对国家宏观控制的烈性传染病，我们必须按照《动物防疫法》的要求和《重大动物疫病的控制方案》制订与之相应的适合于本地的疾病防疫程序和方案。在对疾病治疗过程中，有责任和义务宣传动物疾病防治的相关法规和基本原则。

二、及时、准确的原则

接到疫情报告或求救时，必须贯彻"及时、准确"的原则。及时诊断可以及早的发现疫情，及早的治疗疾病，在短时间内控制疾病的进一步蔓延，尤其对烈性传染病的控制能够在很大程度上降低损失。准确治疗，可以及时有效的控制疾病的进一步发展，降低用药成本。当然治疗的准确程度与诊断的正确性密切相关，即诊断的准确性越高，对疾病的治疗措施的正确性越高，临床控制疾病的效果也就越好。

三、标本兼治的原则

在临床病例的发生、发展、转归过程中，有导致该病发生的根本原因（病因），有由该病因所引起的或其他原因所导致的临床症状（病状）。在临床诊断中，应准确判定导致该病的病因（本）和症状（标）。在治疗中，我们就必须考虑标本兼治，既要考虑对因治疗（消除致病的根本原因），又要对症治疗（消除临床症状）。例如仔猪水肿病，导致该病的病原（即病因）是大肠杆菌；投喂高蛋白质、高能量饲料是诱因；头部水肿、眼结膜潮红、尖叫转圈等是症状。对于该病的治疗既要考虑杀灭致病性大肠杆菌，又要考虑改善临床症状，同时限制采食或更换饲料消除诱因。因此在选择用药时，要考虑选择对该场致病性大肠杆菌高度敏感的药物，同时要考虑选用中和或排除毒素的药物辅以利尿消肿、抗过敏的药物。通过综合用药、标本兼治，才能有效提高该病的治疗效果。

四、治疗疾病的同时要兼顾预防同群假定健康畜群的原则

在疾病诊治过程中，不仅考虑对发病畜禽进行治疗，同时要考虑对同圈或同群假定健康畜禽进行有效的防治。尤其在发现某些法定传染病，在按相关措施和法规进行处理的同时必须加强对该病的紧急预防工作，以尽可能将损失减少到最低。

五、用药科学合理的原则

在明确疾病的性质、疾病的种类、致病的原因、治疗的方法以后，选择用药也必须科学合理，既要考虑对病原的敏感性又要考虑用药的成本。一般普通的常规制剂能够解决问题的，尽可能使用常规制剂。两种或多种药物配伍时既要考虑其对疾病的有效性，又要考虑其对动物机体的毒副作用，同时还要考虑几种药物之间的配伍禁忌；既要考虑药物对疾病病原的敏感性，又要考虑病原对药物的耐药性。

六、治疗措施全面科学，贯彻"三分治疗七分管理"的原则

导致一个疾病的发生，一般是多种因素综合作用的结果。因此在临床治疗过程中，必须科学全面。既要考虑导致疾病的主要原因，同时还要考虑次要原

因。尤其针对饲养管理方面的因素，在整个疾病的防治过程中，始终需要坚持"三分治疗七分管理"的原则。如：仔猪水肿病，多由于条件改变所致，如突然断奶、突然更换饲料，饲料蛋白质水平过高等。因此在治疗中，除了合理用药以外，还必须要求畜主改善饲养管理条件，及时调整饲料、环境消毒和保温等必须引起高度重视。只有通过有效的综合治理，才能有效防治水肿病的发生。

七、具备良好的职业道德素养的原则

作为从事畜禽疾病防治的专业人员，应该树立良好的职业道德，能够从疾病防治整体全局着想，能够急养殖户之所急，不能一味注重经济效益而不顾养殖户的利益，不能为掩饰自己技术水平的低下而对病情随意加重或降低，不能片面主观的认定临床病例，不能草率从事，不能故意推卸责任等。

八、保护动物服务人类的健康原则

在动物疾病的防治过程中，要始终坚持和推行确保动物健康、确保畜产品安全的原则，既要消除动物疾病，又要恢复或提高动物的生产、生长、发育和繁殖性能，避免药源性疾病的发生。

任务 14　药物防治

一、药物治疗需考虑的主要因素

合理使用药物或生物制品来预防和治疗疾病是猪场兽医的一个重要责任，为此，猪场兽医应具备有关药物或生物制品的全面知识，包括使用药物或生物制品的风险及有关国家法规和国际法规。首先应考虑的因素是肉品的生产安全和动物福利的提高；其次应考虑的因素包括药物成本、药物效果和易用性。

（一）药物治疗方案的确定

一般来说，确定猪病治疗方案最复杂的环节是抗菌药物的选择，制订一个完善的抗菌药物治疗方案的选择考虑的因素包括人类安全、动物福利、机体损伤和副作用、法规、药效与成本、药物用量与应用程序、治疗原则、预防原则、记录保存、药物稳定性等。

1.确定治疗目标

在当前抗菌药物治疗方案中，确定治疗目标的标准过程是病原菌分离培养鉴定及检测分离菌株的药物敏感性的诊断过程。当分离培养菌及其药物的敏感性诊断过程无法获得时，可以综合已有的临床表现确定诊断结果，在药物敏感性方面查阅资料。

2.根据病猪的生理状态选择药物

任何一个药物治疗方案均需考虑到动物给药都可能对动物自身平衡造成潜在的不良影响，动物用药后受益程度远大于用药给动物造成不良影响是选择药物治疗的一个先决条件。因此，使用抗菌药物应全面了解抗菌药物的主要类型、抗菌活性、药代动力学特性、药物毒性或其他不良反应等知识。

3.根据药品的产品性能和使用规定制订治疗方案

根据药品的产品性能和使用规定制订治疗方案主要是临床给药途径。通常，严重感染时优先采用肌内注射给药，肌内注射药物可使其被完全吸收，注射部位一般选在耳后颈外侧以防止药物引起局部损伤和避免因臀部注射时可能导致坐骨神经损伤等副作用。在给药方面时，或难以从猪群中区别病猪或不便保定或打扰猪群时一般选用群体给药，对猪群而言，口服给药更容易实施，饮水给药是一种比饲料给药更快速的处理病猪群的方法，饮水给药能及时执行并且实用于不吃食的病猪。但饮水给药也有其劣势，并不是所有药物都能溶解于水，水可能会被溅出，有些药物载体可能堵住乳透式饮水器。根据环境温度、药物适口性及血药浓度确定饮水量（猪的日饮水量为其体重的 8%~10%）等。因此，当选择饮水给药时要充分考虑上述因素。

饲料给药通常用于预防和治疗慢性感染的长期给药模式。

4.实施便利性和依从性

依从性也称顺从性、顺应性，指病人按医生规定进行治疗、与医嘱一致的行为，习惯称病人"合作"；反之则称为非依从性。依从性可分为完全依从、部分依从（超过或不足剂量用药、增加或减少用药次数等）和完全不依从 3 类，在实际治疗中这三类依从性各占 1/3。在兽医上依从性一般指遵守国家及国际兽药使用法规、药物休药期、限制耐药性的产生及药物使用的指导原则等。

5.评价治疗效果和修订治疗方案（治疗效果不佳时）

治疗失败的原因主要如下：误诊、药物在感染部位上无活性、对感染治疗失败、不正确或不实用的实验室诊断、病原微生物的耐药性、慢性感染、采样错误或药物剂量不足等。治疗失败后必须重新进行临床诊断和重新采集样品进行实验室分析。

（二）抗菌药物的预防原则

① 给药必须直接针对特定的病原微生物或疾病。

② 药效确定的药物才能用于预防给药，预防应有一个尽可能短且与药效一致的持续期。

③ 用于预防的剂量应该和药品规定用于预防的剂量相同。

④ 应使已知的副作用最小化。

⑤ 猪群对该药可能产生过敏反应时不应使用。

⑥ 要有可用的替代药物以备必要时使用。

（三）其他疗法

1. 直接饲喂的微生物制剂（益生菌）

益生菌是饲料中活的微生物制剂，其作用是促进保持宿主动物健康的特定微生物在肠道内的增殖，特别猪正常肠道菌群经历巨变的断奶过程中。最广泛应用的益生菌是乳酸菌、肠道球菌、双歧杆菌、酵母菌等。益生菌发挥保护和治疗作用的主要机制并不完全清楚，但认为有以下几种方式：益生菌能产生抗菌物质，如有机酸、游离脂肪酸、氨、过氧化氢和细菌素等；益生菌能增强宿主动物特异性和非特异性免疫；能通过对微生物黏附位点的竞争抑制来防治致病微生物的寄居。虽然益生菌被用来控制疾病和提高生产性能，但益生菌不可能完全代替抗生素控制疾病，其在促进肠道正常菌群的健康和减少沙门氏菌等病原菌的定植上占有一席之地。

2. 噬菌体

噬菌体（bacteriophage, phage）是感染细菌、真菌、放线菌或螺旋体等微生物的病毒的总称，因部分能引起宿主菌的裂解，故称为噬菌体。其中溶菌噬菌体能破坏细菌的代谢，导致细菌溶解。尽管噬菌体具有上述作用，但不常用于治疗和预防中，今年来，从猪粪中分离到一种能破坏沙门氏菌和大肠杆菌活性的噬菌体，这将加快噬菌体在提高食品安全方面的实际运用进程。

3. 营养素

饲料营养素不仅是动物生长发育所必需，而且可以在胃肠道、免疫器官和循环免疫细胞等水平上对动物的免疫功能进行调节。

动物的营养状况影响机体的免疫功能和对疾病的抵抗力，日粮各种营养物质除了作为代谢底物外，在免疫应答的发生、发展、强度和类型上发挥特殊的生物学调节作用，维持机体内环境稳定；免疫应激过程影响机体营养需求，表现在畜禽行为和代谢上发生改变。营养物质不但为动物维持正常的生长发育所必需，而且是维持免疫系统的功能并使免疫活性得到充分表达的决定性因素。任何营养物质的缺乏或摄入过多都会给免疫功能带来危害。

4. 抗寄生虫药物

在现代现状饲养过程中，很少出现寄生虫问题，在良好的卫生和管理条件下，驱虫药的常规使用没有益处。蛔虫病通常是主要关注的对象。

5. 激素

催产素被广泛应用于辅助分娩和刺激产奶，前列腺素及合成类似物用于诱导分娩，人绒毛膜促性腺激素和马绒毛膜促性腺激素可诱导母猪发情，促卵泡激素可诱导排卵等。激素在一些国家也被用于促进生产，如猪生产素能显著提高饲料转化率、生产速度，莱克多巴胺或 β - 兴奋剂可以显著提高饲料转化率和提高瘦肉率，在一些国家允许使用。

6. 抗炎药

地塞米松、吲哚美辛、美洛昔康等抗炎药物已在养猪生产过程中不同临床条件下使用，其使用效果不一致。美洛昔康作为抗菌药物治疗的辅助药物，对患有呼吸道疾病的猪具有减缓临床症状和减少复发率的作用。

二、影响药物作用的因素

药物的作用是药物与机体相互作用的综合表现，许多因素都可能干扰或影响这个过程，使药物的药效发生变化，这些因素包括动物方面、药物方面和环境生态方面的因素等。

（一）药物方面的因素

1. 剂量

在一定范围内，随着药物剂量或浓度的增加或减少，药物的药理效应也相应增强或减弱，这种剂量与药理效应在一定范围内成比例的关系，叫做量效关系，或浓度 - 效应关系。所以在临床用药时，要根据药物的有效剂量及不同剂量的作用、药物的毒副作用、病情的发展等适当调整。

2. 剂型

主要影响药物的生物利用度。传统的剂型如水溶液、散剂、片剂、注射剂等，主要表现为吸收快慢和多少的不同，影响药物的生物利用度。随着新剂型研究不断取得进展，缓释制剂、控释制剂、靶向制剂先后逐步应用于临床，剂型对药物的影响越来越明显及具有重要意义。

3. 给药方案

给药方案包括给药剂量、途径、时间间隔和疗程等。

给药途径不同主要影响生物利用度和起效时间。给药途径应根据疾病治疗需要和药物的性质进行选择。

给药时间间隔主要影响最低有效浓度在血中维持的时间。一般情况下，在下次给药前要维持血中的最低有效浓度，尤其抗菌药物要求血中浓度高于最小抑制浓度（MIC）。

给药持续时间，称为疗程。疗程主要影响药物的治疗效果。大多数药物必须按一定的剂量和时间间隔多次给药，才能达到治疗效果。抗菌药物更要求有充足的疗程才能保证稳定的疗效，避免细菌产生耐药性。有些药物给药一次即可奏效，如解热镇痛药、抗寄生虫药物等。

4. 联合用药及药物相互作用

临床上同时使用两种以上的药物治疗疾病，称为联合用药。其目的是提高疗效，消除或减轻某些毒副作用；适当联合应用抗菌药也可减少细菌耐药性的产生。但是，同时使用两种或两种以上的药物，在体内药物均可发生相互作用，使药效或不良反应增强或减弱。药物相互作用按其作用机制可分为：药动学的相互作用、药效学的相互作用及体外相互作用等。

另外，药物制成剂型或复方制剂时也可发生配伍禁忌。如含水葡萄糖可使氨苄西林氧化；碳酸钙使四环素失效。

（二）动物方面的因素

1. 种属差异

动物品种繁多，解剖、生理特点各异，不同种属的动物对同一药物的药动学和药效学有很大差异，在大多数情况下表现为量的差异，即作用的强弱和维持时间的长短不同；在某些情况下也可引起质的差异。

2. 生理因素

不同年龄、性别、怀孕或哺乳期动物对同一药物的反应往往有一定差异。这与机体器官组织的功能状态，尤其与肝药物代谢酶系统有密切的关系。如初生动物肝药酶功能不足，肾功能较弱；怀孕母畜对拟胆碱药、泻药、子宫兴奋药等敏感。

3.病理状态

不同疾病对机体内环境和各系统组织器官功能的影响会导致药物的药效学和药代学产生一系列的变化，从而使药理效应增强或减弱，甚至出现毒性反应。动物在病理状态下主要影响药物的反应性和影响药物的体内过程。影响药物的反应性主要指不少药物在疾病动物的作用较显著，甚至在病理状态下才呈现药物的作用；影响药物的体内过程指各种疾病对药物体内的吸收、分布、生物转化和排泄均能产生明显的影响，引起药物蓄积、延长半衰期，从而增强药物的作用，严重可引发毒性反应。

4.个体差异

同种动物在基本条件相同的情况下，有少数个体对药物特别敏感，称高敏性，另有少数个体则特别不敏感，称耐受性。动物对药物作用的个体差异中还表现为生物转化过程的差异。

（三）饲养管理和环境因素

1.用药环境对药物的作用产生直接或间接的影响

① 不同季节、温度和湿度均可影响消毒药的疗效。

② 通风不良、空气污染可增加动物的应激反应，加重疾病过程，影响药效；

③ 高温环境下，皮肤毛细血管扩张，促进药物从皮肤和呼吸道的吸收和排泄；

④ 将破伤风患畜安置在环境安静和黑暗处，有助于镇静药发挥作用等。

2.饲养管理条件

① 营养缺乏，可使肝代谢某些药物的能力减弱。如缺乏维生素 A、维生素 C、维生素 E 时，肝药酶活性受抑制。

② 动物疾病的恢复，只有配合良好的饲养管理，加强病畜的护理，提高机体的抵抗力，才能使药物的作用得到更好的发挥

3.时间、季节变化

① 生物活动具有时间节律周期，昼夜节律对某些药物的作用和体内过程具有一定的影响。

② 排泄速率也呈昼夜节律。

三、药物配伍与禁忌

抗菌药物对细菌有速杀（灭）、慢杀（灭）、速抑（制）、慢抑（制）4 类。

属于速杀的药物有青霉素类、头孢菌素类等；属于慢杀的药物有氨基糖苷类、多黏菌素类等；属于速抑的药物有大环内酯类、四环素类、氯霉素类等；属于慢抑的药物主要有磺胺类。速杀和慢杀药物联用具有增效作用；慢杀和速抑的药物联用有协同作用；速杀和速抑的药物联用则会产生拮抗。

1. 药物的协同作用

广义地讲，在临床上药物协同作用包括增强作用、相加作用、扩大抗菌谱及减少毒副作用等。

① 青霉素类和头孢菌素类与克拉维酸、舒巴坦、TMP 合用有较好的抑酶保护和协同增效作用。

② 青霉素类与氨基糖苷类药理上呈协同作用（如有理化性质变化需分开使用）。

③ 甲氧苄啶（TMP）、奥美普宁（OMP）、阿迪普宁（ADP）、巴喹普宁（BQP）、二甲氧苄啶（DVD）对磺胺类和绝大部分抗菌药物有抗菌增效协同作用。

④ 丁胺卡那霉素与 TMP 合用、氨基糖苷类与多黏菌素类合用对各种革兰氏阳性杆菌有增效协同作用（阻碍蛋白质合成的不同环节）。

⑤ 四环素类与同类药物及非同类药物如泰妙菌素、泰乐菌素配伍用于胃肠道和呼吸道感染有协同作用。

⑥ 四环素类与氯霉素类合用有较好的协同作用（阻碍蛋白质合成的不同环节）。

⑦ 红霉素与泰乐菌素或链霉素联用，可获得协同作用；北里霉素治疗时常与链霉素、氯霉素类合用；泰乐菌素可与磺胺类合用。

⑧ 氟喹诺酮类与杀菌性抗菌药（青霉素、氨基糖苷类）及 TMP 在治疗特定细菌感染方面有协同作用，如环丙沙星 + 氨苄青霉素对金黄色葡萄球菌表现相加作用；环丙沙星 +TMP 对金黄色葡萄球菌、链球菌、大肠杆菌、沙门氏菌有协同作用，可与磺胺类药物配伍应用。

⑨ 林可酰胺类：林可霉素可与四环素或氟哌酸配合用于治疗合并感染；林可霉素可与壮观霉素合用治疗呼吸道病；林可霉素可与新霉素、恩诺沙星合用。

⑩ 繁殖期杀菌药与静止杀菌药配伍常获得协同作用：青霉素与氯霉素配伍常用于草绿色链球菌心内膜炎和肠球菌感染。羧苄西林与庆大霉素（或妥布霉素、阿米卡星）联合应用有协同作用，可用于绿脓杆菌感染，但二者不可置同一容器中，应分别滴注。

⑪ 青霉素、氨苄西林、头孢菌素、利福平与氨基糖苷类合用对绿脓杆菌、大肠杆菌等起协同抗菌作用。

⑫ 静止期杀菌药与快速抑菌药配伍常获得协同或相加作用。如：四环素与氯霉素（或氨基糖苷类）；米诺环素与氯霉素配伍用于布氏杆菌病。

⑬ 静止期杀菌药与慢速抑菌药配伍常获得协同或相加作用。如复方新诺明与氨基糖苷类。

⑭ 快速抑菌药与慢速抑菌药配伍常获得相加作用。如多黏菌素类与复方新诺明、阿米卡星；头孢菌素类与氟喹诺酮；利福平与万古霉素或头孢唑啉；万古霉素与头孢唑啉或氯唑西林；磺胺类与甲氧苄啶。

2. 药物配伍禁忌

原则：

① 同类药物不要配伍使用；青霉素类及头孢菌素类抗菌药物不要与抑菌剂如四环素类药物配伍使用。

② 两者之间发生化学反应的制剂不可混合在一起应用，如烟碱、氧化剂和还原剂。

③ 两者之间发生物理变化如吸潮、融化的制剂不可混合在一起使用。

④ 两者的药理作用相互拮抗（除非作为解毒剂）不可配伍使用，如兴奋剂与抑制剂、拟胆碱药与抗胆碱药、拟肾上腺药与抗肾上腺药等。

⑤ 两者在一起产生毒性增强作用尽可能不配伍使用；如强心苷与钙剂等。

（1）青霉素类配伍禁忌药　氯霉素类、甲砜霉素、氟苯尼考、红霉素、罗红霉素、土霉素、多西环素、四环素、卡那霉素、维生素 B_1、磺胺类、高锰酸钾、碘酊、氨茶碱。青霉素类与维生素 C、碳酸氢钠等也不能同时使用。

（2）链霉素配伍禁忌药　甲砜霉素、氟苯尼考、土霉素、四环素、红霉素、卡那霉素、磺胺类、维生素 C、维生素 B_1、维生素 K_3、碳酸氢钠、氨茶碱、人工盐等碱性药物。

（3）甲砜霉素、氟苯尼考配伍禁忌药　青霉素、链霉素、土霉素、卡那霉素、喹诺酮类（氟哌酸、环丙沙星、恩诺沙星、沙拉沙星、洛氟沙星、氧氟沙星等）、呋喃类（痢特灵、呋喃西林）、磺胺类、维生素 B_1、维生素 C、维生素 K_3。

（4）土霉素配伍禁忌药　卡那霉素、喹诺酮类、维生素 B_2、维生素 C、氨茶碱。

（5）红霉素配伍禁忌药　青霉素、链霉素、四环素类、庆大霉素、磺胺类、喹诺酮类、林可霉素、氯化钠、氯化钙。

（6）庆大霉素配伍禁忌药　青霉素、链霉素、新霉素、红霉素、磺胺类。

（7）磺胺类配伍禁忌药　青霉素、链霉素、庆大霉素、甲砜霉素、氟苯尼考、硫酸钠、人工盐、维生素 B_1、维生素 C、罗红霉素。

（8）呋喃类配伍禁忌药　甲砜霉素、氟苯尼考、喹诺酮类。

（9）喹诺酮类配伍禁忌药　四环素类、大环内酯类（如红霉素）、利福平、甲砜霉素、氟苯尼考、硝基呋喃类、电解质类、氨茶碱、呋喃类。氟喹诺酮类与氨茶碱药物对血浆蛋白结合有竞争抑制作用，与氨茶碱联合应用时，使氨茶碱的血药浓度升高，可出现茶碱的毒性反应，应注意！

（10）多黏菌素配伍禁忌药　新霉素、阿托品、庆大霉素、先锋霉素 I。

（11）新霉素配伍禁忌药　甲砜霉素、氟苯尼考、多黏菌素、庆大霉素。

（12）头孢类配伍禁忌药　氨茶碱、维生素 C、磺胺类、罗红霉素、多西环素、氟苯尼考。头孢菌素类忌与氨基糖苷类混合使用。

（13）克林霉素、林可霉素配伍禁忌药　罗红霉素、氨茶碱、磺胺类。

（14）泰妙菌素配伍禁忌药　聚醚类抗生素如莫能菌素、盐霉素。

（15）阿莫西林与四环素、头孢菌素与大环内酯类配伍使用　将会产生药理性拮抗，杀菌作用降低。

（16）氨苄青霉素钠与葡萄糖输液、青霉素钠（或氨苄西林钠）与维生素 C 配伍使用　将会产生酸碱度改变，使抗菌药物降解，药效降低。

四、给猪投药的方法

给药原则：能饮水不拌料，能拌料不注射，能注射不输液。

（一）群体给药

1. 饮水给药

饮水给药是指将药物溶解于水中，使猪自由饮用而达到预防或治疗猪疾病的一种方法。

饮水给药注意事项：

① 饮水投药只限于使用水溶性的药物。由于某些药物不溶于水或其制剂所需载体不溶于水，从而限制了可使用药物的品种。

② 需考虑药物在水中的稳定性。有些药物在水中不稳定，用此类药物时，要使猪只在短时间内饮完。所以，要根据药物在水中的稳定性来确定药物在水中的保存时间。

③ 不易把握猪个体的饮水量（即摄入药物量）。由于个别猪过多或过少的

摄入药物，可能导致中毒或耐药性。

④ 猪耗水量并不等于实际的摄入水量，所以可能导致药物的浪费。

⑤ 保证水质的清洁，避免由于其他杂物污物或化学物品导致药物失效或发生物理化学反应的后果。

2. 拌料给药

对于还能吃食的病猪，将一次要喂的药物均匀地混合在少量的精饲料中，让猪自己吞食。但是，这种药物必须是没有特殊气味的。比如，人工盐、碳酸钙等都可以采用这种方法。

（二）个体给药

注射给药

注射给药是使用注射器或输液器将药物直接注入猪体内的一种给药方法，也是防治猪病最常用的给药方法，具有用药量小、收效快等优点。根据给药的途径可分为肌内、皮下、皮内、静脉、气管、胸腔、腹腔、后海穴注射等方法。

（三）不同给药方式的优缺点

不同给药方式的优缺点见表5-4。

表5-4　不同给药方式的优缺点

拌料给药	饮水给药	注射给药	其他
群体给药，有浪费	分阶段群体给药	个体给药	
方便	方便	不方便	
用药成本低	用药成本低	成本高	
剂量不准确	准确	精确	其他给药途径如：胃管投服法、丸剂或舔剂投药法、汤匙投药法、喷雾等不常使用，无代表性
适用于预防、治疗给药，作用慢。	适用于预防、治疗给药，作用较快、吸收良好、疗程短、药物利用率高	注射治疗或疫苗注射，劳动强度大	
避免应激	避免应激	应激性大	
	适用于猪只因病或应激导致采食量降低或不食，而只能饮水的情况		

任务 15 猪免疫接种技术

免疫接种是激发动物机体产生特异性抵抗力，使易感动物转化为不易感动物的一种手段。有组织有计划地进行免疫接种，是预防和控制猪病的重要措施之一，在猪瘟、猪伪狂犬等病的防制措施中，免疫接种更具有关键性的作用。根据免疫接种进行的时机不同，可分为预防接种和紧急接种两类。

预防接种：在经常发生某些传染病的地区，或有某些传染病潜在的地区，或受到邻近地区某些传染病经常威胁的地区，为了防患于未然，在平时有计划地给健康畜群进行的免疫接种，称为预防接种。预防接种通常使用疫苗、菌苗、类毒素等生物制剂作抗原激发免疫。

紧急接种：紧急接种是在发生传染病时，为了迅速控制和扑灭疫病的流行，而对疫区和受威胁区尚未发病的畜禽进行的应急性免疫接种。从理论上说，紧急接种以使用免疫血清较为安全有效。但因血清用量大，价格高，免疫期短，且在大批畜禽接种时往往供不应求，因此在实践中很少使用。多年来的实践证明，在疫区内使用某些疫（菌）苗进行紧急接种是切实可行的。例如在发生猪瘟、口蹄疫、鸡新城疫和鸭瘟等一些急性传染病时，已广泛应用疫苗作紧急接种，取得较好的效果。

一、接种前准备

1. 猪群统计

免疫员在注射前对计划接种猪群进行统计、记录，预免疫猪群中凡属患病猪要暂缓接种，并做好记录，体质好转后再补注。免疫接种前应结合当地的实际情况制订出适合本地、本场疫病防疫的免疫程序，接种时应做好记录，记录项目包括接种对象、时间、抗体水平、使用疫苗名称、剂量、途径、生产厂家、生产批号、失效期等，以便查询。

2. 免疫器械

包括注射器、针头、针盒、带橡皮翻口瓶塞的医用玻璃瓶、镊子等，所有器械在接种前要清洗干净，置消毒锅内加水煮沸消毒 30min，冷却、装好备用。

二、疫（菌）苗的准备

（一）检查

疫苗检查是动物接种前的一道必要程序，只有保证了疫苗的质量，才能确保疫苗发挥预防和控制传染病的作用，达到接种疫苗的目的。检查项目主要如下。

① 检查疫苗外包装是否洁净完好，标签是否完整，包括疫苗名称、批准文号、生产批号、出厂日期、保存期、使用方法以及生产厂家等内容。

② 检查瓶盖是否松动、疫苗瓶体是否有裂损。

③ 油乳剂如遇破乳或超过规定量大分层（水分沁出按规定程度不能超出1/10）则不能使用。

④ 对于冻干疫苗，在使用前检查是否失空，最简单方法是将装有稀释液的注射器针头通过胶塞（未开启铝帽的）插入疫苗瓶中，稀释液应自动或很容易注入疫苗瓶内。否则，意味着该瓶疫苗已失去真空或真空不够。失空的疫苗一般不能再使用。

⑤ 超过保存期的疫苗应废弃。

（二）稀释

水剂苗或油乳剂苗使用前不必稀释，但必须摇匀。

冻干苗（除规定使用专用稀释剂的）一般用生理盐水按猪只头数和注射剂量计算稀释量。

同时稀释两种以上的疫苗，应使用不同的注射器和器皿，不能混用混装。

（三）稀释后的保存

疫苗使用坚持现配现用的原则，疫苗在稀释后应马上使用，并避免阳光照射，15℃以下应在4~6h内用完，15~25℃以下应在2h内用完，25℃以上1h内用完。如考虑注射时间偏长，疫苗则应放在加冰块的保温箱内。

三、疫苗的注射

猪接种的途径有口服、滴鼻、肌内注射、穴位注射、气管内注射和肺内注射等，每种疫苗均有其最佳的接种途径。

（1）口服法或饮水法　连续注射器连接1~1.5cm长乳胶管，将乳胶管插入口腔内注射即可，或直接饮用。

（2）肌内注射　正确的注射部位在耳后靠近较松皮肤皱褶和较紧皮肤交界处耳根基部最高点5~7.5cm处；如果注射位置太靠后，将增加产品沉积于脂肪中的危险，由于脂肪的血液供应较差，则可致产品吸收缓慢，或由于脂肪"壁脱"于产品，导致免疫应答差；如果注射位置太低，则可能有将疫苗注入腮腺、唾液腺的危险，由此所导致的严重疼痛将影响猪只采食，同时，引起免疫应答差。

根据猪只大小的要求，选择长短、大小适宜的针头（表5-5）。哺乳仔猪每窝一个针头，保育、中大猪每栏一个针头，种猪每头一个针头。在做紧急免疫时，做到一头猪一个针头，否则会加剧疫情扩散。保证注射剂量的准确和猪群的注射密度，做到不漏打，不打飞针。注射过程中发现疫苗漏出时，应进行补注。

表5-5　猪免疫注射针头规格参考表

猪体重（kg）	针头长度规格
＜10	9×（1.2~1.8）cm
10~30	12×（1.8~2.5）cm
30~100	（14~16）×（2.5~3.0）cm
＞100（公母猪）	16×（3.8~4.4）cm

（3）穴位注射　通常应用于预防腹泻的疫苗，多采用后海穴注射，能诱导较好免疫反应。如猪流行性腹泻及传染性胃肠炎疫苗。

（4）气管内注射和肺内注射　这两种方法多用在猪喘气病的预防接种。

（5）滴鼻　伪狂犬病疫苗和猪传染性萎缩性鼻炎灭活疫苗等可用于滴鼻接种。

四、接种后处理

免疫接种后剩余的疫苗不得随意倾倒，要进行消毒和无害化处理，注射后的所有器械要清洗煮沸消毒。

疫苗注射后，防疫员对注射日期、疫苗批号名称、免疫猪群、注射剂量等免疫情况进行详细记录，并填好免疫周报表。

五、疫苗接种后动物反应

接种疫苗后，要认真观察猪群的动态，发现问题及时处理。疫苗免疫接种反应有以下几种。

（1）一般反应（高热反应）　猪接种疫苗后体温稍升高 0.5~1℃ 属于正常反应。若升高 1.5~3℃，则属严重反应。一般不需治疗，1~2d 后可自行恢复。

（2）急性反应（过敏反应）　注射疫苗后 20min 发生急性过敏反应，猪只表现呼吸加快、喘气、眼结膜潮红、发抖、皮肤红紫或苍白、口吐白沫、后肢不稳、倒地抽搐等。可立即肌注 0.1% 盐酸肾上腺，30min 后病情不减轻时可重复再注射 1 次。

（3）最急性反应　与急性反应相似，只是发生快、反应更严重一些。治疗时除使用急性反应的抢救方法外，还应及时静脉注射 5% 葡萄糖溶液、维生素 C 和维生素 B，生产实践中我们通常采用冷水淋头，能很快让猪恢复。

六、疫苗的保存、运输

疫苗不同于普通的化学药品，从化学成分上多为蛋白质或活的微生物。因此，它们一般需要避光、避热，有些还需要冻结保存。保存和运输条件要求严格和细致，否则可直接影响其质量，所以要严格遵照生物制品厂的要求，进行保存和运输，一般需要注意以下几点。

① 疫苗应保存在干燥阴暗处，避免阳光直射。

② 温度对疫苗的影响特别重要，应放在冷库或冰箱中保存。灭活苗最适保存温度是 2~8℃，不能过热，也不能低于 0℃；活疫苗需在低温冷冻保存，冷冻真空干燥制品要求在 -15℃ 以下保存，温度越低保存时间越长。冻干苗的保存温度与冻干保护剂的性质密切相关，一些国家的冻干苗可以在 2~8℃ 保存，因为用的是耐热保护剂。多数活湿苗，只能现制现用，在 0~8℃ 条件下仅可短期保存。冻结苗应在 -70℃ 以下的低温条件下保存。工作中必须坚持按照规定温度条件保存，不能任意放置，防止高温存放或温度忽高忽低，以免影响疫苗的质量。

③ 在运输过程中应注意防止高温、暴晒和冻融。如果是活苗需要低温保存的，可先将活疫苗装入盛有冰块的保温瓶或保温箱内运送。在运送过程中，要避免高温和阳光直接照射。北方寒冷地区要避免液体制品冻结，尤其要避免由于温度高低不定而引起的反复冻结和融化。切忌把药品放在衣袋内，以免由于体温较高而降低药品的效力。大批量运输的疫苗应放在冷藏箱内，有冷藏车者用冷藏车运输更好，要以最快速度运送疫苗。

七、疫苗的种类

猪用疫苗种类繁多，根据疫苗的性质和制备工艺，可以划分为不同的种类。如根据制作疫苗的微生物种类不同，可以将其分为细菌疫苗、病毒疫苗、寄生虫疫苗；根据制造疫苗原材料的来源不同，可以将其分为组织苗、细胞苗、鸡胚苗、培养基苗等；按照疫苗制造工艺不同，可以将其分为常规疫苗和现代基因工程苗；按照疫苗是否具有感染活性，可以将其分为活疫苗和灭活疫苗；按疫苗抗原的数量和种类，分为单价疫苗、多价疫苗和多联疫苗。除此之外，还可以根据佐剂种类、疫苗的物理性状等划分。

使用疫苗时要注意免疫接种的方法。当前猪用疫苗无论是活疫苗，还是灭活疫苗，最常用的疫苗接种方法是肌内或皮下注射法，如猪瘟兔化弱毒疫苗和猪蓝耳病灭活疫苗等皮下或肌内注射接种。其次是滴鼻免疫接种，如伪狂犬病疫苗和猪传染性萎缩性鼻炎灭活疫苗等可用于滴鼻接种。再就是口服免疫接种，如仔猪副伤寒活疫苗和多杀性巴氏杆菌活疫苗等可经口服免疫接种疫苗。有的疫苗也有经穴位注射接种的，如猪传染性胃肠炎和流行性腹泻疫苗采用猪后海穴接种，效果较好（表5-6）。

表5-6　猪免疫接种常用疫苗种类及使用方法

疫苗种类	免疫方法
猪瘟脾淋活疫苗（兔源）	肌内注射
猪瘟细胞活疫苗或猪瘟耐热保护剂活疫苗（细胞源）	肌内注射
经典蓝耳病弱毒疫苗	肌内注射
高致病性蓝耳病活疫苗（JXAI-R株）	肌内注射
猪伪狂犬病双基因缺失疫苗	肌内注射或滴鼻免疫
猪口蹄疫O型高效灭活疫苗或猪口蹄疫O型合成肽疫苗	肌内注射
猪细小病毒活疫苗	肌内注射
猪喘气病弱毒活疫苗	胸腔注射
猪喘气病灭活疫苗	肌内注射
副猪嗜血杆菌多价血清灭活疫苗	肌内注射
猪链球菌双价血清灭活疫苗	肌内注射
猪传染性胸膜肺炎多价血清油乳剂灭活疫苗（含血清型1、5、7型）	肌内注射
猪圆环病毒2型灭活疫苗（ZJ/C株）	肌内注射
猪胃-腹二联活疫苗	肌内注射或猪后海穴

163

任务 16　猪病传播与生物安全

生物安全计划最基本的要求是管理猪场、畜牧业或国家引进新病原的风险，使牧场间地方性疾病传播最小化，而实现这些目标的措施包括隔离感染动物和非感染动物（或者隔离病原），全面清洗畜舍和设备，并进行适当的消毒管理。

一、降低病原进入猪场的风险

（一）确定本猪场存在哪些地方性的病原

要制订有效的生物安全程序，第一步首先要确定本畜群中哪些病原是地方性的。如果可能的话，还应估算每种病原相关的流行情况、发病率、死亡率、造成猪群生产成本的增加（预防、治疗、控制措施、生长性能下降损失等）。这个清单将作为一个基准，用来衡量生物安全措施在防范新增病原进入猪场方面的实际效果。

（二）确定最需要挡在门外的病原的优先级别

对于不同猪场来说，优先级序列也是不同的。确定优先级需要考虑的因素包括感染概率、猪群对病原的易感性、感染造成的经济损失，以及猪群所生产的产品（种猪还是猪肉）等等。优先级划分举例如下。

实例 1 – 感染概率：对于某猪群来说，传染性胃肠炎病毒的优先级可能很高，而口蹄疫病毒却很低。尽管口蹄疫病毒会给猪群带来灾难性的后果，但传染性胃肠炎病毒感染的概率通常比口蹄疫病毒高得多。

实例 2 – 猪群的易感性：如果猪群对大肠杆菌感染具有抵抗力，那么就没必要把 E. coli 放在较高的优先级上防止它进入猪场。

实例 3 – 感染造成的经济损失：如果某种病原感染造成的发病率和死亡率都很低，而且治疗措施有效、治疗成本便宜，那么这种病原的优先级就可以排得比较低。例如，胸膜肺炎放线杆菌的优先级可能需要高于猪肺炎支原体。

实例 4 – 猪群产品：对于青年母猪包括繁场来说，可能需要把猪繁殖呼吸综合征病毒放在最高的优先级上，因为这样可以保证为客户提供无猪繁殖呼吸综合征病毒的青年母猪。

（三）猪场风险的评估

1. 确定目标病原的外部来源

目标病原优先级确定之后，接下来可对病原的传染源进行评估。潜在的传染源包括：气雾、种猪群、精液、饲料、饮水、人员、粪便、车辆、其他非生物传染源、家养或野生的猪以外的其他动物、野猪、啮齿类动物、昆虫，以及飞鸟。

2. 找出对猪场生产威胁最大的传染源

根据对本猪群构成的威胁，将各种外部传染源按优先级排序。应考虑本猪场接触传染源的频率、传染源的污染水平，以及病原在该传染源当中存活的时间长度。关于病原特性及其存活时间，可查阅科研资料。在这方面还有很重要的一点需要考虑，那就是这些传染源中能够实际控制的有哪些？尽管大家都知道猪场集中的地方容易发病，但除非是新建的猪场，否则猪场的场址是无法控制的。再比如，对于舍外放养的猪场来说，如果该地区有野猪种群，那么家猪与野猪之间的接触也是无法控制的。这种情况下，野猪对猪群健康的威胁可能会比猪场新购进的健康种猪要大。话说回来，还是不能一概而论，不同猪场的风险排序是不同的。

（四）确定生物安全方案的规模

到这一步，生物安全已经具体到控制特定病原从特定传染源传入猪场的问题，这样再制订具体措施时就有了方向。生物安全程序可能很简单，只涉及针对某种特定病原的战略性免疫，也可能很复杂，需要构建新的设施用于转入猪的隔离。

很大程度上，生物安全方案的规模取决于猪场老板愿意承受多大的风险。有的人具有冒险的性格，不愿意实施哪怕是最简单的生物安全措施，直到暴发了疾病才针对出问题的地方采取措施。而有的人则不能容忍哪怕是最轻微的风险，义无反顾地实施每一项可能的生物安全措施，也不管需不需要。多数人则处于这两种极端之间。兽医专家在确定生物安全程序的时候，需要理解客户看问题的出发点。此外，畜场本身的经济实力是影响生物安全程序的另一个因素。制订生物安全程序之前必须要了解这方面可供投入的资金有多少。

比如说，在商业化养猪密集的地区想要绝对地控制病原的气雾传播是不现实的。这种地区内的商业性猪场无法采取切实可行的、成本效益较高的措施来控制气雾传播的疾病。这种情况下，更明智的做法是承担气雾传播疾病的风险，而把资金投入到其他疾病预防措施上，例如通过疫苗接种来提高猪群对这些气雾传播疾病的免疫水平。而对于核心群种猪场来说，最好投资重建，把猪场搬到远离其他猪场或粪便撒播区的地方，尽管这样成本会比疫苗接种高。如果无法支付重建费用，可投资配备高效率空气过滤网，以便降低气雾传播疾病的风险。每个猪场都要根据自己实际面临的风险以及疾病侵入所引起的后果来制订生物安全程序。对于某个猪场来说效率很高的生物安全程序，如果拿到另一家猪场，有可能完全没有意义。

（五）确定降低风险的措施

1. 针对气雾传播

① 猪场的场址应距离其他猪场或粪便撒播区 3.2km 以上。根据所要控制的目标病原的不同，具体的距离要求会有所变化。

② 猪舍应远离公共道路。

③ 相对湿度控制在 60% 以内，并对通风系统进行优化。

④ 通过疫苗接种来加强猪群对气雾传播疾病的免疫力。

2. 针对新购种猪引入的疾病

① 采用封闭的种猪群。

② 限制种猪来源的数量。

③ 引进精液而非种猪。

④ 种猪（精液）供应方和接受方的兽医应共同探讨猪群的健康状况以及化验规范，最大限度降低疾病引入的风险。

⑤ 引进种猪时要进行仔细的挑选、观察和化验，还要实现一套隔离、驯化规程。

⑥ 隔离设施应安置在猪场区之外。无论如何都要为隔离区安排专门的饲养人员。隔离区的饲养人员必须淋浴、更换干净的外套和靴子才能进入主场区。隔离期长短应根据目标病原已知的最长排毒期来确定，想要控制的目标病原不同，隔离期长短的要求也会有变化。

3. 针对人员引入的疾病

① 限制人员进入猪场，只允许必要的人员进入猪场。

② 为人员提供专门外套，在指定场区穿着。

③ 来访前接触过其他家畜（包括员工自家养的家畜）的人必须淋浴并除去身上的可见污染物之后方可入场。

④ 通过洗手、穿干净的外套可以降低人员传播病原的机会，但也无法防

止所有的病原。需要注意，醇类擦手消毒液对脏手不会有效。戴手套可以降低经手传播病原的机会，但即使戴手套，也不能不洗手。

⑤ 关于限制不同猪场的工作人员之间接触的生物安全措施，几乎没有证据显示这些措施是必要的。

⑥ 几乎没有证据显示有必要安排人员隔离期（或停工期，员工外出回场后一段时间内不能接触猪只）。不过，正感染地方性病原（例如：沙门氏菌或流感病毒）的人在排毒期停止之前不应进入猪场。

4.针对非访客—车辆

① 设置围墙和大门，阻止外来车辆进入猪场。

② 只允许干净车辆进入。

③ 在场区外临近的位置安置车辆清洗设施。

④ 来访车辆及运猪车的停车场距离猪舍至少 300m 。

⑤ 使用本场的专门车辆运猪。

⑥ 安置边界转运设施用来转出外售猪只。可用本场车辆将猪运到场区围墙内的装猪区，猪只在这里可转到围墙外，外来车辆不必进入场区即可装猪。两批装猪之间可对转运设施进行清洗、消毒。

⑦ 料仓应安置在场区内挨着围墙的地方，这样料车不必进入围墙就可以卸料。

⑧ 仔细安排车辆的行程，让车辆只能从健康水平高的场区开到健康水平低的场区，而不能从健康水平低的场区开到健康水平高的场区。

⑨ 炼油车不能进入场区。

5.其他非生命媒介（设备、包裹、药品）

① 尽可能采用一次性的器具。

② 尽可能减少或杜绝不同猪场共用器具的情况。

③ 粘有可见污染物的器具不应进入养猪区。应该先把器具上的可见污染物洗净，然后再消毒。选择消毒剂时应根据消毒剂对目标病原的效果。应按标签说明使用消毒剂。应保证达到标签上注明的接触时间。可通过需氧菌计数来检验消毒的效果。消毒后需氧菌不应超过 $1 \, cfu/cm^2$ 。

6.猪以外的家养或野生动物

① 限制猪场内生活区及饲养区的动物种类。

② 可采用围墙、捕鼠器来限制野生动物接触猪。

③ 动物尸体要合理存放、迅速处置，尽量降低对食腐动物的吸引。

④ 良好的卫生（清除垃圾、洒落饲料、陈旧存水等）以及场地维护（剪

草、用石头做围墙）可降低猪场对啮齿类、鸟类和昆虫的吸引。不过除此之外，建议还要通过化学杀虫剂、诱饵、捕鼠器以及其他专业的工具来建立一套有效的有害动物控制程序。

7.饲料

采用品控措施来确保全价饲料以及饲料原料不被病原污染。

8.粪便

不要让其他的猪场把粪便施撒或排放在本猪场 3.2km 范围以内的区域。

二、限制疾病的传播

用来防止病原进入猪场的那些生物安全措施多数也可以用来限制病原在猪场内的传播。管理人员和兽医在制定生物安全措施时应尽量遵循科学的方法，并考虑相关猪场的特殊情况。要做风险评估，这样才能根据实际风险而不是恐惧来制订生物安全规程。这样，就可以根据效果、执行情况以及经济效益来战略性地实施生物安全计划。相同的措施用于不同的猪场、不同的人员以及不同的设施会收到不同的效果，实施过程中要认识到这一点。生物安全措施一旦付诸执行，应定期对其遵守情况以及效果进行监控。当相关领域的生产研究取得新成果，或有新病原出现时，应对现有措施进行相应修改。对于无效的或成本效益差的措施应该加以删减。

（一）确定目标病原

1.确定猪场当中什么位置存在目标病原

猪群当中存在的地方性病原已经找出来了。下一步是从这些病原里在找出那些需要阻止其传播的目标病原。之后，再确定哪些猪当中有这些病原存在，哪些猪出现了临床症状。

2.找出猪群中的传染源

找出每种地方性目标病原在猪群当中的传染源。确定传染源的位置有助于采取措施根除这些传染源，或在传染源与易感猪中间设置传播屏障。可能的内部传染源包括：猪群中的其他猪（直接或间接传播）、遭病原污染的环境（肮脏的设施、设备）、有害动物及宠物（啮齿类动物、狗和猫）、空气，以及人员（人畜共患病）。

（二）制定目标

每次实施生物安全措施之前，都要制定目标。

① 如果病原在猪群中已经广泛存在，制定措施的目标是不是要预防这种疾病在猪群当中的临床发病？ 如果是，生物安全措施的着眼点就应放在降低病原浓度上，将其控制在感染剂量以下的水平。

② 目标是不是要阻断病原传播，以便在猪场内建立一个无病原污染的纯净的小群？这种情况下，就要通过生物安全措施来将这个小群中的病原根除掉。例如，通过许多策略（部分淘汰、免疫接种等）可以让感染猪繁殖呼吸综合征的母猪群所产下的仔猪免受这种病原的污染。在猪场内建立纯净小群的过程中要特别谨慎。因为小群当中的猪只从未接触过病原，所以对病原缺乏免疫力，一旦意外地接触到病原，后果会更严重。有些情况下可对纯净小群进行免疫接种，以便增强免疫力。不论如何，这种情况下都要实施严格的生物安全措施，确保小群不会接触外面的病原。

③ 目标是不是将某种已经发生的疾病限制在一定区域或一个小群之内？这种情况下所采取的生物安全措施是短期的，只用来隔离感染的小群，直到这些猪转出猪场为止。这种情况下将病原清除出猪场有两种方式，一种是对患猪实施安乐死，另一种是对患猪进行治疗，然后出栏上市。例如，假设胸膜肺炎放线杆菌感染了某猪舍中某栏位当中的肥育猪。此时，可将该发病猪舍视为一个隔离单元，安排专人饲养管理。这些专门的饲养人员进入该猪舍时要穿着该猪舍专用的衣服和靴子。采用抗生素对该猪舍的患猪进行治疗，并加强护理。最好把这栋猪舍的饲养管理工作安排在每天工作结束的时候，工作之后饲养人员可以马上去洗澡。最后把痊愈的患猪卖出去，在进下一批猪之前对该猪舍进行彻底清洗消毒。

④ 目标是不是防止环境（或设施）随着时间的发展成为猪的感染源？这样的话，生物安全措施应着重考虑设施和设备的卫生。例如，由于球虫卵对环境的抵抗能力非常强，因此很难根除。但如果专门针对虫卵实施严格的卫生程序，就有可能打破球虫的感染周期。

（三）确定生物安全程序的规模

目标病原已经确定及可选生物安全措施已经列出，接下来，是要做一下经济分析，将治疗疾病的成本与实施生物安全措施的成本相比较，看看哪样更划算。考察一下哪种方式能够更有效地利用猪场的人力资源。然后，就可以确定生物安全程序的规模。同样的，还是要考虑猪场老板所愿意承受的风险有多大。

（四）确定生物安全具体措施来降低猪场内病原传播的风险

1. 限制感染猪与易感猪之间的直接传播

易感猪可通过与其母亲或其他猪的直接接触而受到感染。通常情况下，高日龄猪只身上所携带的微生物种类更多，因此对于低日龄猪来说，高日龄猪就是传染源。

① 在场区外安置一个隔离设施。不要直接把新购入猪转入猪群。

② 通过日龄分批隔离可有效降低猪—猪传播的机会。将日龄尽可能相近的猪组织在一起，共同经历整个生产系统。全进全出生产方式下，在不同批次之间进行清洗消毒，万一有疾病暴发，可将疾病控制在本批次当中，不会传给下一批。

③ 通过早期断奶、日龄分批隔离，必要时结合战略性用药或免疫接种，可有效降低某些疾病的母—仔传播。早期断奶的理论依据是，仔猪出生时会摄取初乳，而初乳在一小段时间内可使仔猪免受母猪身上某些病原的感染。如果在母源免疫尚未失效之前将仔猪转移到没有病原的地方，就可以消除或降低仔猪感染这些病原的机会。对于有些病原，如猪葡萄球菌由于感染在仔猪出生时就已经发生了，所以早期断奶也不会起到效果。还有些情况下，早期断奶只能起到降低病原传播剂量的作用，使仔猪发生亚临床感染，成为病原携带者，而不表现症状。如果猪群在采用常规断奶的情况下健康水平本来就已经很高，那么改成早期断奶可能也起不到什么效果，而且还会降低繁殖性能。

④ 胎次分批隔离的理论根据与日龄分批隔离相同。尽管胎次分批隔离在有些猪场的应用已经超过 10 年，但这方面的确切信息仍然比较少，多数信息只是传闻。在胎次分批隔离的生产方式当中，青年母猪与二胎及二胎以上的母猪分开饲养。这样，在受到经产母猪身上排出的病原感染之前，青年母猪就有更多的时间来发展自身的免疫。同时，青年母猪所产的头胎仔猪也和经产母猪所产的仔猪分开饲养。由于青年母猪所接触的病原比经产母猪少，因此其免疫系统的功能也不如经产母猪，所以青年母猪更容易把病原感染给所产的仔猪，再通过自己的仔猪感染断奶舍的其他仔猪。就目前情况而言，胎次分批隔离系统根据的只是传闻以及个别猪场的数据而已。

⑤ 尽量减少交叉寄养，并且将交叉寄养限制在出生 24h 以内。如果出生 24h 之后再实施寄养，那么有可能寄养仔猪会接触到寄母猪排出的病原，而生母猪的初乳却没有针对这种病原提供保护。

⑥ 采用护理栏可以在一定程度上起到隔离病猪的作用。然而，患猪仍然

和其他猪共用一个猪舍空间，而且，除非栏位间采用实墙分隔，否则患猪仍然能和相邻栏位的猪产生直接接触。

⑦ 全程将同日龄的猪饲养在一起，包括护理栏中的猪。有的猪场让生长缓慢的仔猪迟些断奶，或把生长缓慢的猪留下与下一批猪一起饲养，而不是始终把这些猪和相同日龄组的猪养在一起。这样做会使接触这些猪的下一批健康猪受到感染威胁。这些生长性能不好的猪很可能已被病原感染，成为猪群里的传染源。

⑧ 通过战略性的免疫接种和用药程序既可降低已感染猪向体外排毒的数量，又可以提高接种猪的免疫力，从而限制猪与猪之间的病原传播。

2. 限制已感染猪与易感猪之间的间接传播

① 猪群内正在使用的设备的清洗消毒（夹子、木板、手推车、料槽、水槽，等等）、不同批次之间设施的清洗消毒，以及场内使用的车辆的清洗消毒，先要彻底清洗（除去可见的有机质，如粪、尿、稻草、刨花、灰尘等），然后再用合适的、高效的消毒剂按照标签说明进行消毒。清洗过程不宜采用循环水，否则可能会促进病原在猪群内的传播。由于有些病原存在于畜舍的尘埃当中，如葡萄球菌、PoRV 以及沙门氏菌等，因此清洗一定要彻底。清洗消毒程序的目的是为了将病原的水平降下来，使猪只接触病原时不至于达到感染剂量，从而病原不会随时间的推移越积越多。在实际的猪场生产当中，要想把大型设备或设施消毒到无菌状态基本上是不可能的。

② 非生物媒介，例如共用的设备可成为病原间接传播的媒介，为不同的组群提供专用的设备，定期对共用设备进行清洗消毒，以及在不同批次间对设备进行清洗消毒，这些都是可行的生物安全措施。

③ 针头重复使用有可能造成猪－猪传播。如果在病患猪身上用过了一个针头，再用这个针头给健康猪只注射，就会把猪病传给健康猪。实践当中，如果必须共用针头的话，应先给健康猪注射。永远也不要先给有病的猪注射，然后再用相同的针头给健康猪注射。同样道理，对于饲养在一起、有直接接触的同一组群的猪，可以使用同一针头而不会显著提高疾病传播的风险。

④ 猪场当中，在短距离内病原有可能通过空气传播。通过增加畜舍的空间、合理安排进风口的位置，可降低这种传播的风险。

⑤ 对其他动物的控制是很重要的。啮齿类、鸟类、昆虫、野生动物、狗和猫等动物都能够机械性地传播病原。有些情况下，这些动物还可成为生物传播的载体。可通过专业防除、毒饵以及一般性措施进行控制，及时清理洒落饲料和垃圾可降低猪场对有害动物的诱惑。

3.人员

① 饲养人员的警惕是能够实现的最好的生物安全措施。饲养管理和营养方面的优化可降低猪对疾病的易感性。饲养人员应定期检查猪有没有表现出疾病的临床症状，这样发病时可及时发现，及时隔离处理。定期进行兽医检查以及疾病监控同样可以防止疾病大规模暴发，有助于提高隔离防疫的效率。

② 人员有可能会造成病原的传播，既包括机械性也包括生物性的传播。当人员接触了患猪或被病原污染的设施之后再在场区内活动，就会发生机械性传播。对于既感染人又感染猪的病原，则可能通过人员造成生物性传播。感染了这种病原的人员接触猪之后，就可能将病原传给猪。理想情况下，人员在猪场中移动的路线应该是从健康猪到病猪，从小猪到大猪。然而，实际生产中不可能完全做到这一点。但是至少人员在患猪所在猪舍附近工作过或接触过死亡猪之后应先将身体上暴露部位的可视污染物洗净，换上干净的外套和靴子，然后才能到健康猪的区域活动。戴手套可降低手的操作带来的感染，但手套不能代替洗手。

因为上述原因，当部分猪舍发生疾病的时候，应将发病猪舍看作隔离区，指派专人负责饲养。饲养员进入发病猪舍时应换上专用于该猪舍的外套和靴子。专门为这些猪舍提供设备与供给。尽量采用一次性设备。尽可能为舍内患猪提供治疗，以及额外护理。饲养人员每天尽量最后才到这些猪舍工作，之后立即洗浴。痊愈的患猪应做标记。下一批猪转进之前应对猪舍进行彻底清洗消毒。如果无法治疗，或法规有专门规定，则应立即对患猪实施安乐死，以降低传播风险。

三、生物安全措施的有效性评估

生物安全措施并不适用于所有猪场，不同的猪场在地理位置、设施设备、宿主易感性所面临的疾病威胁等等方面各不相同。且同一个安全措施也不能长期适用于同一个猪场，人员、设备、工具、猪种和病原都在不断发生变化，因此以前有效的措施现在未必有效。所以，应周期性地对各项已有的以及新实施的生物安全措施进行评估，了解其效果。评估的项目包括生物安全措施在防范目标病原方面的效果，以及员工对这些措施的遵守情况。这样，出现问题的时候就可以区分，到底是生物安全措施本身效果不好，还是因为贯彻实施不力而令生物安全措施的效果没有发挥出来。可通过临床症状、血清学化验以及尸体剖检等方法来确定猪群是否存在某种目标病原的临床或亚临床感染。员工对生物安全措施的遵守情况可通过工作记录以及会议讨论等方法进行评估。根据生物安全措施的效果可以决定继续实施这些措施，还是考虑到这些措施的成本比效益高而停止实施。随着时间推移，如果猪场所面临的关键风险领域以及目标病原发生了改变，那么对生物安全措施也应进行相应的删减、修改以及增加，以便适应改变的环境。

任务 17　猪群保健与驱虫

为了保证养猪生产的顺利进行，在群体育种、饲喂和管理上必须采取保健措施、预防疾病和控制寄生虫等措施。猪的保健措施的应用随着猪群体中个体数量的增加而改变，体现了较高的节约化和复杂化。目前养猪业千变万化，猪的健康水平也不尽相同，因此疾病预防和寄生虫的控制方法必须与每种经营模式相适应。猪场必须重视猪群的系统保健，除保证饲料原料质量，加强饲养管理、干净的饮水，乳猪吃足初乳外，还应在此基础上添加药物（西药、中药）进行保健。

一、猪群保健方法

1. 免疫

免疫接种是激发动物机体产生特异性抵抗力，使易感动物转化为不易感动物的一种手段。有组织有计划地进行免疫接种，是预防和控制猪病的重要措施之一，在猪瘟、猪伪狂犬等病的防制措施中，免疫接种更具有关键性的作用。根据免疫接种进行的时机不同，可分为预防接种和紧急接种两类。

预防接种：在经常发生某些传染病的地区，或有某些传染病潜在的地区，或受到邻近地区某些传染病经常威胁的地区，为了防患于未然，在平时有计划地给健康畜群进行的免疫接种，称为预防接种。预防接种通常使用疫苗、菌苗、类毒素等生物制剂作抗原激发免疫。

紧急接种：紧急接种是在发生传染病时，为了迅速控制和扑灭疫病的流行，而对疫区和受威胁区尚未发病的畜禽进行的应急性免疫接种。从理论上说，紧急接种以使用免疫血清较为安全有效。但因血清用量大，价格高，免疫期短，且在大批畜禽接种时往往供不应求，因此在实践中很少使用。多年来的实践证明，在疫区内使用某些疫（菌）苗进行紧急接种是切实可行的。例如在发生猪瘟、口蹄疫、鸡新城疫和鸭瘟等一些急性传染病时，已广泛应用疫苗作紧急接种，取得较好的效果。

2.初乳是最好的保健品

奶水是最好的营养品,在猪群的保健中起着重要的作用,初乳中含有大量母源抗体(IgG),这些母源抗体直接进入乳猪的血液中,能对出生仔猪起到保护作用,因此要千方百计让乳猪吃足初乳,以获得足够的母源抗体,确保猪群的健康生长。

3.营养性保健

对处于亚临床或亚健康的猪群添加一些快速补充营养的碳水化合物(如水溶性的葡萄糖等)、水溶性脂肪(如乳化的脂肪粉)、优质的蛋白质源(如优质的鱼粉和大豆分离蛋白等)、水溶性复合氨基酸、水溶性电解质多维等保证猪群的健康生长。

4.药物保健

分为西药保健和中药保健,做好保健的同时需加强饲养管理。

二、如何进行猪群的药物保健

1.常规保健

预防消化道和呼吸道疾病的调理保健。

2.应激保健

气候骤变、转群、免疫前后的抗应激保健。

3.关键阶段保健

产前产后、断奶前后、疫情威胁期间的强化保健。

(1)仔猪的保健 预防初生乳猪腹泻,减少断奶应激,增强体质,提高成活率,预防呼吸系统疾病。

(2)保育猪保健 减少断奶时的各种应激,增强体质提高免疫力,提高成活率,预防断奶后腹泻及呼吸系统疾病及水肿病。

(3)育肥猪保健 预防疾病的发生,提高料肉比,增强体质,提高免疫力,缩短出栏时间。

(4)后备母猪保健 预防疾病的发生,特别是呼吸系统疾病,净化猪场常见病原,增强体质,提高免疫力,促进生殖系统的生长。

(5)经产母猪保健 减少无乳或少乳现象,增强体质,促进生殖系统的恢复,减少乳房炎和产道炎症,预防产前、产后无名高热及产下仔猪腹泻。

(6)种公猪保健 增强体质,提高免疫力,减少疾病的发生,增强精子活力、数量,提高精液品质,清除体内毒素。

三、驱虫

寄生虫分为体内和体外两种，自然状态下能感染猪的寄生虫约有 65 种，但是在工厂化猪场中大量感染并造成危害并不多。寄生虫对猪群造成的影响不但有经济上的损失，而且继发细菌感染，降低猪只抵抗力，增加猪只死亡率，所以一定要制订并实施驱虫计划。

（一）寄生虫的危害

① 饲料利用率降低、肉料比增加 0.36、生长速度下降 20%。

② 蛔虫、鞭虫等体内寄生虫的移行造成内脏的损伤、外贸出口率下降。

③ 导致机体免疫系统的损害、引起抵抗力下降。

④ 寄生虫可以传播病毒病、细菌病和原虫病，它们传播的方式是先造成猪只的体外伤（疥螨导致猪皮肤病，使猪只蹭痒引发体外伤）和体内伤（蛔虫等寄生虫用口器吸血后留下的伤口），从而导致病毒、细菌和原虫病的大量传播。

（二）驱虫程序（仅供参考）

1. 寄生虫感染严重的猪场

对全场所有的猪进行一次驱虫（肌内注射或口服），间隔一周再驱虫一次（因为一般的药物不能杀死虫卵，要等卵变成成虫后方能杀死，故要进行重复用药）。

2. 母猪分娩前

母猪在分娩前 1~2 周使用伊维菌素等广谱驱虫药进行一次驱虫、避免把蛔虫、疥螨等寄生虫传给仔猪。

3. 普通猪场的驱虫

以后按正常的驱虫程序驱虫。

4. 寄生虫感染较轻微的猪场（普通猪场常规驱虫）

6+1 驱虫模式。在南方、由于气候较为潮湿、特别是在春夏季节，体外寄生虫的发病率较高，容易发生疥螨病，在饲养管理中，应及时做好体表驱虫。种公母猪按每两月 1 次，6 次/年。

后备种猪在驱除体内、外寄生虫后方可转入生产群内使用。

断奶仔猪转入保育舍后进行一次驱虫。以后转群前后均需进行一次驱虫。

6+1 驱虫模式的优点：

① 驱虫彻底，全面净化了由寄生虫造成的猪体感染和猪场污染。

② 驱虫时间集中，生产上可操作性强。

③ 操作简单，一年只需 6 次。

④ 降低劳动成本。

⑤ 彻底净化了母猪，减少了母子间的传播。

⑥ 生产性能大幅度提高，经济效益好。

⑦ 投药成本低，以商品猪计算，每头猪低于 2 元（含所分摊的种猪驱虫成本）。

5. 引进猪

新购猪在进场后使用伊维菌素，首先驱体内外寄生虫 2 次。

6. 驱治球虫病

6 日龄仔猪，灌服"百球清"驱虫。

7. 体内外寄生虫两段驱虫法

母猪分娩前 28 d 驱虫一次，小猪进入育肥舍前 14 d 驱虫一次。

（三）抗寄生虫药物使用

合理选择驱虫药或抗寄生虫药物的首要条件是了解内寄生虫是寄生在动物的体内，由于没有一种药物能在任何情况下都满足即合适又便宜这两个条件，因此首先要选择合适的药物，按照使用说明书，哪一种药物什么情况下使用效果最好而对治疗的动物产生的毒副作用又最小。

用驱虫药时应考虑的因素包括年龄、怀孕、其他疾病、药物以及用药方法，一些药物没有必要考虑以上因素，但是应考虑安全与价格低廉这两个因素。每个养猪场兽医应了解各种寄生虫的生活周期的有关基础知识，准备好治疗进度表，可能的话，在实施驱虫方案之前，兽医应对猪群排除的粪便进行检查，以确定有哪种寄生虫存在，然后再选择驱虫药物。使用漏缝地板常检查不出虫卵。

杀虫药使用不当危害人类、家畜、野生动物和益虫，因此在使用杀虫药时，必须遵守基本的注意事项。如必须按照推荐用量使用；在合适的时间用药防止超过法定的残留量；比标签规定年龄小的猪禁止用药；禁止用药次数超出标签限制的次数；禁止流到或喷洒到附近的庄稼、牧场、家畜或其他非靶区；禁止长期与杀虫药接触；在使用农药过程中禁止吃东西、喝水或者抽烟；操作完后彻底清洗手和脸；每天工作后必须换洗衣服；正确和迅速处理所有空杀虫药容器，不再重复使用。玻璃容器打碎或深埋，金属容器切割、压扁、和掩埋以防止其再利用。

（四）抗寄生虫药

（1）驱线虫药　伊维菌素、阿维菌素、左旋咪唑、阿苯达唑。

（2）驱绦虫药　吡喹酮、氯硝柳胺、硫双二氯酚、氢溴酸槟榔碱。

（3）驱吸虫药　硝氯酚、碘醚柳胺。

（4）驱血吸虫药　吡喹酮。

（5）抗球虫药　盐霉素、莫能菌素、马杜拉霉素、海南霉素、氨丙林、地克珠利、妥曲珠利、磺胺喹噁啉（SQ）、磺胺氯吡嗪、常山酮、拉沙菌素、二硝托胺、氯羟吡啶。

（6）抗锥虫药　萘磺苯酰脲、喹嘧胺、氯化氮氨菲啶。

（7）杀虫药　溴氰菊酯、氰戊菊酯二氯苯醚聚酯、双甲脒。

任务 18　消　毒

　　消毒是一种破坏、中和或抑制致病微生物增长的手段，如热、辐射或化学制剂等。猪的密度过大和封闭式猪舍的使用常导致微生物的增加，随着环境中致病生物细菌、病毒、真菌和寄生虫卵的增加，病情变得更加严重并进行传播。此时，清洁和消毒工作对切断微生物生活周期具有非常重要意义。在一般情况下，对猪舍的彻底清洁，在清除污物的同时，也清除了大部分微生物，因此可以不进行消毒。但在疫病暴发时，必须对饲养场进行消毒。

一、有效的消毒方法

　　① 在使用消毒剂前彻底清除所有粪便及污物，并冲洗设备。

　　② 使用消毒剂的稀释液。

　　③ 温度，如果使用热的消毒剂，大部分消毒剂的消毒效果会更好。

　　④ 应用的完全性和接触的时间

　　阳光也有消毒作用，但不稳定，消毒效果不显著。加热和一些化学消毒剂较为有效，应用蒸汽、热水、燃烧或沸腾的热能是一种有效的消毒方法，但这些方法在很多情况下并不可行。

二、消毒液的选择

好的消毒液应具备以下特性。

① 能杀死致病微生物。

② 在有机物中（粪便、毛发、土壤）保持稳定。

③ 易溶于水，并保持溶液状态。

④ 对动物和人没有毒性。

⑤ 能迅速渗透有机物。

⑥ 清除脏污和油脂。

⑦ 使用价格低廉。

三、消毒剂

常用消毒剂：一个猪场要进行彻底的消毒，首先对消毒药分类要有一定的了解，使用消毒剂时一定要阅读并遵守消毒剂生产厂家的使用说明书。

一般按杀菌能力分类：

① 高效（水平）消毒剂：即能杀灭包括细菌芽孢在内的各种微生物。

② 中效（水平）消毒剂：即能杀灭除细菌芽孢在外的各种微生物。

③ 低效（水平）消毒剂：即只能杀灭抵抗力比较弱的微生物，不能杀灭细菌芽孢、真菌和结核杆菌，也不能杀灭如肝炎病毒等抗力强的病毒和抵抗力强的细菌繁殖体。

常用消毒药对各种病原体的杀灭能力见表5-7。

表5-7　各种微生物对各类化学消毒剂的敏感性

消毒剂种类	细菌	病毒	真菌	芽孢	虫卵
醛类	+++	++	+	++	−
过氧化物	+++	++	++	++	−
卤素类（氯、碘）	+++	+++	+++	+++	+
双季铵盐类	+++	++	−	−	−
碱类	+++	+++	+++	+++	+++
复合酚类	+++	−	++	−	−
醇类	+++	++	−	−	−

注：+++ 表示高度敏感，++ 表示中度敏感，+ 表示低度敏感；− 表示抵抗

四、猪场消毒程序

养猪场要重视消毒，也要科学消毒，使每一次消毒都取得理想的效果，因此要树立全面、全程、彻底、不留空白的消毒观念。猪场大门入口、生产区入口、每栋猪舍入口都要设有消毒池，并经常更换消毒液，保持其有效浓度；场内和生产区内道路也要定期消毒，猪场大环境应每月彻底消毒 1 次，生产区净道每周消毒 1 次，污道每周消毒两次；猪舍小环境（包括地面、墙壁、空间、用具等）应定期进行带猪消毒，产房、保育舍、育肥舍在猪出栏后应彻底清洗消毒，空舍净化一周后须经再次消毒方可使用。注意定期更换不同性质的消毒剂，以免病原产生耐药性。千万记住：健康猪场的费用开支为消毒药＞预防药＞治疗药。

（一）生活区大门

生活区大门应设消毒门岗，全场员工及外来人员入场时，均应通过消毒门岗，消毒池每周更换两次消毒液。

（二）进入生产区消毒

生产区出入口设有男女淋浴室及 2m 左右的消毒池，所有进入生产区人员（买猪人员禁止进入）都必须充分淋洗，特别是头发，然后换上工作服及雨鞋通过消毒池进入生产区（一般在消毒水中需浸泡 15s 以上）；从生产区出来的所有人员也同时必须充分淋洗，特别是头发，然后换上自己的衣服进入生活区或办公区。

用具在入场前需喷洒消毒药（很多猪场往往忽视这一点）。

猪场大门入口处要设宽与大门相同，长与进场大型机动车车轮 1 周半长相同的水泥结构消毒池。

（三）猪舍门口消毒

每栋猪舍门口要设置消毒池或消毒盆，员工进入猪舍工作前，先经猪舍入口处脚踏消毒池消毒鞋子，然后在门口消毒盆中洗手，而且每日下班前必须更换消毒池和消毒盆中的消毒液。工作人员不消毒手和足就不能从一栋猪舍进入另一栋猪舍，本舍饲养员严禁进入其他猪舍。

项目五 兽医实践

179

（四）猪舍消毒

1.舍内带猪消毒

猪舍内，连同猪舍外、猪场道路每周定期清洗及喷雾消毒两次，在疫病多发季节可以两天消毒一次或一天消毒一次，消毒时间选择在中午气温比较高时效果较好。但猪舍清洗要注意干燥及良好的通风。一般喷雾消毒选择季铵盐类消毒液以消灭细菌性病原，氯及酸性制剂以消灭病毒性病原。消毒方法是以正常步行的速度，对猪舍天花板、墙壁、猪体、地板由上到下进行消毒，对猪体消毒应在猪只上方 30cm 喷雾；待全身湿透欲滴水方可结束，一只猪大约需1L 消毒水；

2.实习小单元式"全进全出"饲养工艺

在每间猪群（日龄相差不超过 4 d）全部转出后或下批转栏前进行严格的消毒。消毒方法为猪舍空栏—清楚粪便及垃圾—高压水枪冲洗—喷洒消毒—干燥数日—熏蒸消毒—干燥数日—进猪。

（五）引种猪

从场外引猪时需对猪体表进行消毒（消毒药可用百菌消或 0.1% 过氧乙酸）后进行隔离饲养，在隔离饲养 30d 确定没有疫情后方可入舍、合群。

（六）患期消毒

出现腹泻等传染性疾病时，对发病猪群调圈、对该圈栏清扫（冲洗）、药物消毒、火焰消毒、干燥。水泥床面和水洗后易干燥的猪舍需要用水冲洗。供选择的消毒药物有 5% 烧碱水溶液、双季铵盐络合碘、过氧乙酸、双季铵盐类，后三种药物采用该产品说明书规定的浓度，火焰消毒 70 s/m² 床面。

（七）周围环境

定期对猪舍及其周围环境进行消毒，消毒程序和消毒药物的使用按 NY/T5033（无公害食品生猪饲养管理准则）的规定执行。

（八）车辆卫生防疫制度

① 车辆是一个重要的传染源和传播媒介，非生产区车辆只能停放在远离生产区的专用区域，不允许任何包括自己场的车辆进入生产区。

② 猪场车辆不同于其他单位的车辆，要有特殊的管理措施，决不能接触

或拉运非场内生猪或其他有影响的货物。

③ 运输饲料进入生产区的车辆要彻底消毒。

④ 运猪车辆出入生产区、隔离舍、出猪台要彻底消毒。

⑤ 本猪场车辆每次外出回来都应清洗消毒后方能停放在远离生产区的专用区域。

（九）种公猪

种公猪在采精前对下腹部及尿囊进行清洗，用0.1%的高锰酸钾水溶液消毒，然后用清水清洗；准备配种的母猪用清水清洗外阴部后，用0.1%的高锰酸钾水溶液消毒，再用水清洗一次，才能输精。

（十）母猪

母猪进入产房前，必须彻底清洗、消毒表皮。分娩前用0.1%高锰酸钾清洁消毒一次，产栏必须保持清洁干燥。

任务19　灭除蚊虫鼠害

猪场的特殊环境很难摆脱老鼠、苍蝇、蚊虫、蟑螂等有害生物，饲料、粪便及污水很容易滋生或招引老鼠、蚊子、苍蝇和蟑螂，它们不仅污染环境，还可以传播多种重要疾病，如口蹄疫、乙型脑炎、链球菌病、沙门氏菌病、大肠杆菌病、钩端螺旋体病、附红细胞体病、弓形体病等。应经常杀虫灭鼠，控制病原微生物数量。

规模养猪场一般不允许饲养猫狗等小动物，即使饲养都必须实行拴养。对野猫、野狗要严加防范，可采取加高围墙，封闭大门等措施加以防范。

一、鼠、蚊、蝇的危害

1. 传播疾病

蚊子是乙脑病毒、附红细胞体等的携带者。苍蝇是附红细胞体、大肠杆菌、沙门氏菌、链球菌等细菌性疾病的携带者。猫是弓形体的终末宿主。老鼠是许多自然疫源性疾病的贮存宿主，可以传播猪瘟、钩端螺旋体、沙门氏菌、伪狂犬、传染性胃肠炎、口蹄疫等疾病。因此，做好灭鼠、灭蝇、灭蚊及灭蚂蚁等工作，场区内严禁养猫，能有效地切断疾病的传播，减少病原体与易感动物的接触。

2.浪费饲料

对于老鼠耗料，每只老鼠每天消耗饲料 25~30g。

3.老鼠具有破坏性

老鼠属于啮齿动物，有磨牙的习惯，科学研究发现每只老鼠每周啃咬次数达到 25 000 次。因此 1 个万头猪场每年损坏的麻袋就有几千条，还有水管、电线、保温材料等，会增加维修费用 4 万 ~5 万元，不仅如此，还影响生产的正常进行。

4.老鼠、蚊蝇繁殖能力很强

一只成年鼠一年可以繁殖 3~6 窝，每窝产仔 8~10 只，因此数量增殖很快，且老鼠的活动能力很强，只要有大小约 10cm 的孔洞或缝隙它们就可以通过，这样也给灭鼠工作带来了很大的难度。一只雌蚊一次就可产卵 200 只左右，多时可达 400 只，按每只雌蚊每次产卵 200 只计算，一只雌蚊经一次产卵就可以繁殖 200 只后代，从卵到成蚊约 15d 左右就可以完成。苍蝇的繁殖力在昆虫世界位居第一位，在不受外因干扰的情况下，一对苍蝇一夏天可生育 2 660 亿个。所以，这些老鼠苍蝇蚊子都是繁殖的高手，猪场如不加以控制则危害无穷。

二、灭害的方法

猪场灭害的方法不外乎建筑设计灭害、药物灭害、物理灭害、机械灭害。但是最重要的一点是水源的控制，以前的猪场都喜欢在修建的时候搞点亭台楼阁再有一个鱼池，现在有的猪场也还在这样做，我们知道，蚊蝇的繁殖都需要水，老鼠也需要饮水，因此我们首先应该做的是不要给它们水喝和水中繁殖的条件，在猪舍设计时不要设计露天的水源和水沟、粪沟，尽量做到人畜饮水不浪费，不留水塘，不修明沟，填平场内的集水坑和洼地，保持排水系统的畅通，贮水器要加盖子，对不能加盖子的要定期换水。猪场的选址不在周围有很多露天水源的地方，不在沼泽地附近，不在屠宰场、垃圾处理场附近，避免为蚊蝇、蟑螂、臭虫等，创造一个良好的猪场环境，以利于灭害。

1.建筑设计灭害

建筑设计灭害是指我们在猪场建筑结构设计上采取措施防止鼠类和其他生物进入猪舍。鼠类多从天棚和墙体的孔洞缝隙中进入，为此要求在猪舍设计时墙体要平直，不留缝隙和孔洞，墙体光滑，与天棚的结合处做成圆角，使老鼠无法攀援，所有的通风孔，地脚窗和粪尿沟出口均需安装孔径小于 10cm 的防暑铁丝网，所有的缝隙要用高标号水泥填塞密封，猪舍门使用铁皮门防止老鼠啃咬。猪舍窗户和门外面使用纱窗和门帘防蚊蝇进入。

2. 机械灭害

机械灭害我们一般使用鼠夹、鼠笼子、粘鼠板和电子捕鼠器（图5-25、图5-26）等简单的设备，这种方法的特点是简单，对人畜无害、安全，投资小，效率高。

图 5-25　捕鼠笼子

图 5-26　电子捕鼠器

3. 物理灭害

采用机械的方法比如声、光、电等物理的方法来诱杀或驱除蚊蝇。常用的就是灭蚊（蝇）灯。灭蚊（蝇）灯里面装有荧光灯，会发出对蚊蝇类有高度吸引力的紫外线，在荧光灯的外围是高压低电流（通常是5 500V\10mA）的交流电格栅，当蚊蝇等昆虫爬经格栅时，蚊蝇即被电死，落入挂于灯下的盘内。这

183

项目五　兽医实践

种灯的使用效果很好。此外还有利用超声波驱除蚊蝇的电子驱蚊器（图 5-27）等，都具有防除效果。

图 5-27　电子灭蚊器

4. 化学灭害

化学药物灭鼠具有见效快、成本低的特点，化学杀虫剂对蚊蝇等害虫的毒杀和驱除作用也很好，但是使用化学药物应考虑对人畜的安全性，还有对环境的小破坏性和对昆虫的抗药性等问题。主要的杀虫药有：马拉硫磷、蝇毒磷、二嗪农、倍硫磷、拟除虫菊酯类、双甲脒等，此外在市场上还有很多的灭蚊蝇药剂出售，可以参考产品的使用说明书进行选购，但是应该购买对人畜低毒无害的杀虫剂。灭鼠毒饵盒见图 5-28。

马拉硫磷是世界卫生组织推荐使用的室内滞留喷洒杀虫剂。马拉硫磷具有杀虫作用强、快速，具有无毒、触毒作用，杀虫范围广，可杀灭蚊蝇、蛆、虱子、臭虫和蟑螂等的特点，在杀虫浓度内，在哺乳动物体内很快变为无活性的代谢产物，故对人畜安全，适合猪舍内使用。保存时避免使用金属容器，不能与其他酸碱溶液同时使用，要避光以免失效。

拟除虫菊酯类是一类神经性杀虫剂，能够使蚊蝇等迅速呈现神经麻痹死亡，杀虫力强，是一种高效低毒的杀虫剂。灭蚊使用 25% 油剂 500 倍稀释，灭蝇使用 2500 倍稀释液，按照每平方米 50~100mL 剂量喷洒，可以保持一周左右没有蚊蝇和蟑螂。蝇类对拟除虫菊酯类药物不产生耐药性，故可长期使用。但在配制药液时要注意水温以 12 ℃为宜，不宜超过 25 ℃，超过将降低药效，同时不能与酸碱药物混合使用。

还可以使用中草药灭鼠，但是中草药由于有效灭鼠成分较低，需要较大剂量才具有足够的灭鼠毒力。对鼠类有毒力的中草药有天南星、马钱子、曼陀罗、苦参、狼毒、海芒果、苍耳和白天翁等。猪场药物灭鼠要根据自己的具体情况，采用适合猪自身特点的灭鼠措施，以防为主、防灭结合。

图 5-28　灭鼠毒饵盒

任务 20　驱　鸟

很多的飞鸟，比如麻雀、斑鸠、鸽子、燕子等跟人类关系密切的鸟类或一些候鸟，会在养猪场停留或觅食，它们也能给猪场带来一些病毒性的传染病（比如流感）和一些细菌性的传染病（比如肠杆菌），因此做好驱鸟的工作也是相当重要的，可以采用以下方式。

① 封闭式猪舍或者使用一些驱鸟的简单设备，避免各种鸟类对猪场的影响。

② 使用遮阳网或捕鸟网进行拦截，避免各种鸟类飞进猪舍。

185

③播放鸟类天敌的录音，驱离各种鸟类。

④人工驱离。

任务21　病死猪无害化处理

病死猪是最危险的传染源，生产病原数量最多，毒力最强，可以通过接触传播疫病。一般隔离用抗生素治疗2~3d无效者及时处理。病猪尸体不可随意抛弃，可置于专用的尸体处理坑内，并进行严格消毒，或进行高温处理、焚烧或深埋。

国家对病死猪的无害化处理也是相当重视的，2014年10月13日国务院办公厅还发布了《关于建立病死畜禽无害化处理机制的意见》，明确了将病死畜禽无害化处理作为保险理赔的前提条件，不能确认无害化处理的，保险机构不予理赔。从国家层面加强了病死畜禽的管理。

一、病死猪处理的原则

①对因为烈性传染病引起的死亡病猪，必须进行焚化处理。

②对因为一般传染病、其他疾病和外伤引起的死亡病猪，能用常规的消毒方法杀灭病原微生物的，可以采用深埋法和高温分解法进行处理。

③不论使用什么方法处理病死猪，都要同时处理其排泄物和跟死猪有关的其他物品，以及圈舍和周围环境。

④病死猪处理设施设备必须设置在生产区的下风方向，并与生产区有足够的兽医卫生防疫的安全距离。

⑤病死猪的处理要确保清洁安全、不污染环境。

⑥任何单位和个人不得抛弃、收购、贩卖、屠宰和加工病死猪。

二、病死猪处理的方法

1. 深埋法

对于小型猪场和一般传染病、其他疾病和外伤引起的死亡病猪可以使用深埋法进行处理。选择一个远离场区的地方挖一个2m以上的深坑，在坑底撒上一层20cm左右的生石灰，然后放入病死猪，每层病死猪之间再次撒上一层生石灰，在最上一层死猪的上面再撒上一层20cm左右的生石灰，最后用土填埋，注意填土不得压实。我们也可以使用一些弃置的干涸水井用同样的方法进行深埋。

深埋法是传统的处理病死猪的方法，这种方法简单易行，无需专门的设备，但是易对周围环境造成污染，如地方选择不当，还容易被雨水或其他动物翻出，造成不必要的二次污染。因此采用这种方法处理病死猪时要远离水源100~150m、居民区和道路，更要在猪场生产区的下风方向，要求深埋地点土质干燥、地下水位低（埋尸点高于地下水位至少1m），并没有山洪和水流冲刷的可能，地面距离埋尸的距离不小于0.7m。

2. 化尸坑法

化尸坑也叫生物热坑，主要用于处理在流行病学及兽医卫生方面具有危险性的病死猪尸体。一般坑深5~10m，直径3~5m，也有修的更大的，坑底和坑壁用防腐、防渗的材料修建处理。坑口高出地面30cm左右，以免雨水流入坑内。腐蚀坑内的病死猪尸体不能堆积的太满，每次放入尸体后都要在上面撒上一层生石灰，然后将坑口密封，待一段时间后，病猪尸体由于微生物的分解产生大量热量，坑内温度可达65℃以上，产生的高温就可以杀灭病死猪里面的病原微生物，病死猪尸体腐烂分解，达到无害化的目的，其分解后的产物就可以作为生物肥料使用（图5-29）。

这种方法处理时间长，要3~4个月时间，有可能引起疫病的扩散。

图5-29 化尸坑

3. 高温分解处理法

高温分解处理法处理病死猪尸体，一般是在大型的高温高压蒸汽消毒机（湿化机，图5-30）里面进行。121℃以上的高温和高压蒸汽可以使病死猪尸体里面的脂肪熔化，蛋白质凝固变性，杀灭病原微生物，分离出来的脂肪可以作为工业原料生产肥皂等，其他可以作为肥料还田。

这种方法处理病死猪投资大，适合大型猪场或中大型猪场集中的地区，或者大中城市的卫生处理厂。

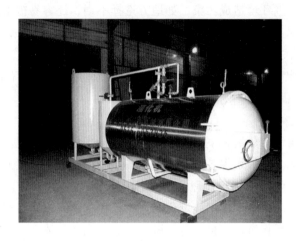

图5-30　湿化机

4.焚烧处理法

焚烧处理法是通过使用燃油燃烧器焚烧病死猪尸体，使其化为灰烬。这种方法处理病死猪能彻底消灭病原微生物，处理时间短，而且卫生。病死猪的焚烧处理一般使用焚化炉（图5-31）来进行。

焚化炉内衬耐火材料的炉体、燃油燃烧器、鼓风机和除尘除臭装置组成。除尘除臭装置可以使病死猪在焚烧过程中产生的灰尘和臭气除去，不会对环境造成污染。

图5-31　焚化炉

对于中小型猪场，还可以在远离猪场生产区的下风方向的地方，挖一个长3m、宽1.5m、深0.8m的焚尸坑，也可以根据死猪的多少来挖坑，坑底放上木材，在木材上浇上煤油，病死猪身上也浇上煤油，再放些木材在病死猪身上，放好以后点火焚烧，一直到病死猪尸体烧成黑炭为止，焚烧后就地填土埋入坑内。

三、病死猪处理注意事项

（一）处置人员的保护

在处理病死猪之前，处置人员必须要穿戴手套、口罩、防护衣、胶筒靴。处理完后，全身要用消毒药喷雾消毒，再把用过的防护用品统一深埋，胶筒靴要浸泡消毒半天后再使用，如果在处理的时候身体有暴露的部位，就要用酒精或碘酒消毒。如果皮肤有破损者不能参与处置。

（二）移尸前的准备

先用消毒药喷洒污染圈舍、周围环境、病死猪体表；再将病死猪装入塑料袋，编织袋或不漏水的容器盛装。快要临死的猪，则要用绳索捆绑四肢，防止乱蹬，移尸时避免病死猪解除身体暴露部位。

（三）要做好消毒

圈舍、环境、场地、消毒药物可选用有效含氯酸、强碱等制剂，人体体表消毒可选用酒精、酚类等制剂；消毒喷洒程度以被消毒物滴水为度。深埋病死猪的坑先撒消毒药如生石灰或烧碱，再抛病死猪，然后倒入加大浓度的消毒药浸尸体，覆土后再彻底消毒。移尸途经地必须彻底消毒，凡污染过的猪舍、用具、周围环境必须彻底反复消毒，每天一次，连续一周以上。

参考文献

[1] Jeffrey J. Zimmerman. 猪病学·第 10 版 [M]. 北京：中国农业大学出版社 ,2014.

[2] Palmer J.Holden. 养猪学·第 7 版 [M]. 北京：中国农业大学出版社 ,2007.

[3] 中国农科院哈尔滨兽医研究所，家畜传染病学 [M]，北京：农业出版社，1989.

[4] 蔡宝祥 . 家畜传染病学 [M]. 北京：农业出版社，2002.

[5] 陆承平 . 兽医微生物学 [M]. 北京：农业出版社，2002.

[6] 杨光友 . 动物寄生虫病学 [M]. 成都：四川科学技术出版社，2005.

[7] 李国奖 . 动物普通病 [M]. 北京：农业出版社，2001.

[8] 邓世学 . 仔猪饲养与疾病防治 [M]. 北京：中国农业出版社，2008.

[9] 刘兴友，李文刚 . 简明猪病防治手册 [M]. 北京：中国农业大学出版社 ,2002.